高等学校大学计算机课程系列教材

大学计算机实践教程

○ 主　编　李　鑫　闫海英　葛大伟
○ 副主编　聂盼红　严　卫　朱　奭　钟　珊

中国教育出版传媒集团

高等教育出版社·北京

内容提要

本书目的是通过实验训练培养学生的计算思维能力和创新思维能力，同时提高学生的实践动手能力，从而提高学生的信息素养。

全书共 13 个实验，内容包括：计算机、计算与计算思维，冯·诺依曼计算机体系结构，计算机中的数据与展示，认知信息安全，图像编码与处理，局域网组建，欧几里得算法设计与实现，递归算法设计与实现，分治算法设计与实现，线性回归，管理和使用数据，机器视觉软件编程（一）和机器视觉软件编程（二）。

本书可作为高等学校非计算机专业"大学计算机"课程的实验教材，也可作为参加全国计算机等级考试的参考资料。

图书在版编目（CIP）数据

大学计算机实践教程/李鑫，闫海英，葛大伟主编；聂盼红等副主编. --北京：高等教育出版社，2023. 9
ISBN 978-7-04-061145-8

Ⅰ. ①大… Ⅱ. ①李… ②闫… ③葛… ④聂… Ⅲ. ①电子计算机-高等学校-教材 Ⅳ. ①TP3

中国国家版本馆 CIP 数据核字（2023）第 172874 号

Daxue Jisuanji Shijian Jiaocheng

策划编辑	唐德凯	责任编辑	唐德凯	封面设计	张申申 易斯翔	版式设计	童 丹
责任绘图	裴一丹	责任校对	刘娟娟	责任印制	高 峰		

出版发行	高等教育出版社	网 址	http：//www.hep.edu.cn	
社 址	北京市西城区德外大街 4 号		http：//www.hep.com.cn	
邮政编码	100120	网上订购	http：//www.hepmall.com.cn	
印 刷	广东新京通印刷有限公司		http：//www.hepmall.com	
开 本	787mm×1092mm 1/16		http：//www.hepmall.cn	
印 张	8.75			
字 数	210 千字	版 次	2023 年 9 月第 1 版	
购书热线	010-58581118	印 次	2023 年 9 月第 1 次印刷	
咨询电话	400-810-0598	定 价	22.00 元	

本书如有缺页、倒页、脱页等质量问题，请到所购图书销售部门联系调换
版权所有 侵权必究
物 料 号 61145-00

○ 前 言

目前，在高等学校的计算机基础教学中，以计算思维能力培养为重点已成为高校的共识，已有很多成熟的课程资源及教材。但在实践教材方面，目前教学内容多以语言（如 Python）为主，不适合地方院校的非计算机专业学生学习；并且在新工科背景下，当前的"大学计算机"课程的实践内容也不能满足人才培养的需求。

针对上述问题，本书合理设计实验内容，注重个性化培养需求，着重体现内容的先进性和时代性。具体来说，本书有以下特色。

1. 实验融合计算思维思想

教材中的每个实验都融合了计算思维思想，渗透了激发学生的科学创新精神和工匠精神的内容，以培养学生正确的价值观，将专业知识和思想政治教育相结合。

2. 内容选取有代表性

本书将计算机学科研究的经典问题融入实验，并将机器学习、大数据、机器视觉在工业自动化的应用等学科前沿知识融入教材，使学生在掌握经典理论的同时，对学科前沿及信息技术与各行业的交叉融合有一定的理解。

3. 体现以"学生为中心"的工程教育核心理念

现今社会要求人才具备多项技能，而不仅仅只是专业技能。因此，本书内容上充分考虑学生个性化需求，即在课程学习的基础上，兼顾学科竞赛和计算机等级考试相关需求。同时，本书内容选取和安排上注重培养学生的创新思维和实践能力，以增加学生的竞争力，激发学生的学习兴趣和动力。

本书由李鑫、闫海英、葛大伟任主编，聂盼红、严卫、朱爽、钟珊任副主编。具体编写分工如下：实验 1 和实验 2 由李鑫编写；实验 3 由严卫编写；实验 4、实验 6 和实验 11 由闫海英编写；实验 5 由朱爽编写；实验 7、实验 8 和实验 9 由聂盼红编写；实验 10 由钟珊编写；实验 12 和实验 13 由葛大伟编写。全书由李鑫统稿。

书中带有 * 的实验为选做实验，可根据实际情况安排教学。

书中所用实验素材可扫描二维码下载。

在本书的编写过程中，得到了哈尔滨工业大学战德臣教学团队的大力支持，在此表示衷心的感谢。

本书实验素材
（请登录下载）

限于作者水平，书中难免有疏漏和不妥之处，敬请广大读者批评指正。

作者
2023 年 5 月

○ 目　录

实验 1　计算机、计算与计算思维

一、实验目的

（1）了解图灵提出的通用计算机模型和可计算性的基本概念，这是计算机科学的重要里程碑。

（2）理解什么是计算与自动计算；"人"计算和"机器"计算的差别是什么。

（3）了解计算系统的发展趋势。

（4）通过实验使学生对图灵模型和图灵奖有所了解，认识可计算问题和计算系统。

（5）了解二进制、二分法、过程化、符号变换等计算思维思想。

二、实验内容

（1）了解图灵机模型（要求制作的幻灯片内容含有图片和图名）。

（2）查阅资料，总结图灵的贡献；查阅并总结两名图灵奖获奖者的科学贡献。

（3）从思维的角度说明"人"计算和"机器"计算的区别。

（4）回答什么是计算思维。

（5）查阅用二分法解决实际问题的例子，要求简单描述解决问题的过程。

（6）将以上信息整理并制作成幻灯片。

三、实验要求

（1）使用搜索引擎（如百度、搜狗、必应、360 等），在搜索框中输入关键词"图灵机模型"进行搜索，单击打开相关网页，用鼠标右击图片，在弹出的快捷菜单中选择"图片另存为"保存相关图灵机模型图片。

（2）使用搜索引擎，查阅图灵奖获奖者的科学贡献（如按"历届图灵奖科学贡献"搜索）；使用搜索引擎查阅获奖者的基本信息（如按"姓名"搜索）并保存相关图片；通过查阅文献，结合自身的体会谈一谈他们获奖的主要原因。

（3）总结"人"计算和"机器"计算的区别（从规则和循环次数两方面谈一谈）。

（4）查阅一个用二分法来解决问题的实例，并描述处理过程。

（5）在 PPT 中选择合适的版式和主题，其中第二页需列出带有超级链接的介绍目录，其他页需插入相关图片、文字、标题、日期、时间和页码等，最后选择合适的切换、动画效果等来展示。要求：PPT 至少 15 页，文字字号 28 以上，布局合理，图文并茂，使用多种元素（如图形、照片、表格、链接、动画、切换）来设计。

（6）基本要求：文件的内容必须包含实验内容要求的几点，简明扼要，重点突出。

思考：

（1）图灵机模型的思想。

（2）由图灵机模型体会计算思维中的抽象和自动化。

（3）什么是计算和计算思维？

四、实验步骤

（1）打开 PowerPoint，在"开始"选项卡中单击"新建幻灯片"，首页时选择"标题幻灯

片"，其他页可以根据具体需求选择"标题和内容"等选项，如图 1.1 所示。然后输入相应的
文字内容，并设置相应的字体和字号。

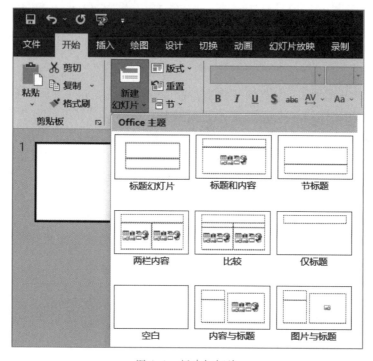

图 1.1　新建幻灯片

（2）利用"插入"选项卡中的相关功能，插入相应的图片和日期时间等。如图 1.2 和
图 1.3所示。

图 1.2　插入图片

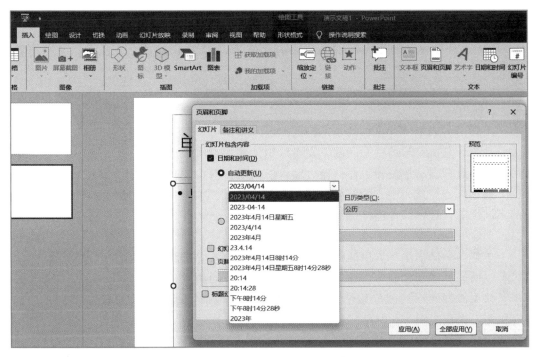

图 1.3　插入日期和时间

（3）在"切换"选项卡下设置幻灯片的切换效果，如图 1.4 所示。

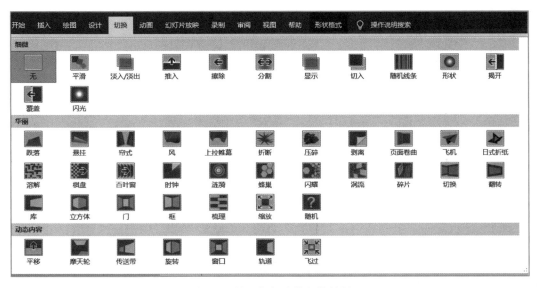

图 1.4　设置幻灯片的切换效果

（4）保存演示文稿。在"文件"选项卡下单击"另存为"命令，在弹出的"另存为"对话框中，选择保存位置，输入以"学号姓名"命名的文件名，单击"保存"按钮。

实验 2　冯·诺依曼计算机体系结构

一、实验目的

（1）了解冯·诺依曼计算机的基本构成。

（2）理解计算机科学的核心问题，真正认识计算的本质。

（3）掌握运算器、控制器、存储器、输入输出设备的功能。

（4）通过以运算器为中心的结构和以存储器为中心的结构对比，感受从不同的结构连接体现的不同性能，理解部件连接后的整体性、协同性。

二、实验内容

（1）了解冯·诺依曼计算机的构成，理解可计算的核心思想和方法。

（2）说明运算器、控制器、存储器、输入输出设备的功能。

（3）认识微型计算机硬件系统中的各主要部件，包括主机箱的全部硬件以及外部接口，主要有机箱、主板、CPU、内存、总线、扩展槽、显卡、电源、风扇、硬盘、光驱、连接线、接口、显示器、键盘和鼠标等。

（4）了解以运算器为中心的结构和以存储器为中心的结构（要求制作的文档中包含图片和图名）。

（5）将以上信息整理并制作成相应的 Word 文档。

三、实验要求

（1）使用搜索引擎（如百度、搜狗、必应、360 等），在搜索框中输入关键词"冯·诺依曼"进行搜索，单击打开相关网页，查找相关资料。

（2）使用搜索引擎，查阅"冯·诺依曼计算机的基本构成"的相关资料。

（3）登录中国知网查阅期刊论文的格式，了解摘要、关键词、参考文献等在论文中的地位和作用。

（4）查阅与冯·诺依曼计算机相关的期刊和书籍，进行阅读和学习。

（5）Word 文档必须包括题名、摘要、关键词（3~5 个）、正文和参考文献。

（6）基本要求：文件必须包含冯·诺依曼计算机的 5 个基本部件并说明其功能；包括中央处理器的概念。尽量详细地介绍现代计算机硬件系统中的各个部件。

思考：

（1）存储程序的思想。

（2）从运算器中的算术运算、逻辑运算功能体会一切运算都可转化为逻辑运算。

（3）指令和数据以同等地位存放在存储器中。

四、实验步骤

（1）编辑题名：一般不超过 20 个字，要简明、确切地反映文章的主题和内容。格式要求：小三号、宋体、加粗、居中，单倍行距，段前 0.5 行，段后 1 行。

（2）编辑摘要：应尽量写成报道性摘要，能准确、具体、完整地概括文章的创新点与结论。格式要求：小四号、宋体，2 倍行距，段前、段后 0 行，首行缩进 2 字符。

（3）编辑关键词：反映文章主题内容的名词和术语，应尽量从汉语主题词表中选取，每篇文章给出 3~5 个关键词。格式要求：黑体、小四号，2 倍行距，段前、段后 0 行，首行缩进 2 字符。

（4）编辑正文：章、节、小节层次标题序号依次为"1""1.1""1.1.1"，一律顶格排，后空一格写标题。格式要求：① 一级标题三号、宋体、加粗、居中，单倍行距，段前 0.5 行，段后 1 行；② 二级标题四号、宋体、加粗、左对齐，单倍行距，段前 0.5 行，段后 1 行；③ 三级标题小四号、宋体、左对齐，单倍行距，段前 0.5 行，段后 1 行；④ 正文用小四号、宋体，首行缩进 2 个字符，行距 1.5 倍，段前段后为 0 行；⑤ 除插图和公式外，需以文本形式体现，不能出现图片形式文字行或段落。

正文中插图格式要求：① 插图须具有图序和图题，写在插图下方居中排，图序和图题之间空一字符；② 图序形如：图 1、图 2；③ 插图的图序和图题字体用五号、宋体，且与图在同一页纸上出现。

（5）插入页眉和页脚。页眉页脚格式要求：① 页眉设置：居中，以小五号、宋体字输入"常熟理工学院"；② 页脚设置：以小五号、Times New Roman 字体插入连续的阿拉伯数字页码并居中。

（6）编辑参考文献：文章一般应附有参考文献（5 篇左右），参考文献应是公开出版的书刊，非公开出版的书刊资料不列入；文献必须按顺序引用，文献作者只列前 3 位，外文文献作者一律采用姓前名后著录法，名应缩写（不加缩点），标引格式如下（请注意标点符号的使用）：

① 期刊：作者 . 题名［J］. 刊名（外文刊名可缩写，首字母应大写），出版年，卷号（期号）：起止页码 .

② 专著：作者 . 书名［M］. 版本（第 1 版不标注）. 译者（无则省略）. 出版地：出版者，出版年 . 起止页码 .

③ 论文集：作者 . 文集名［C］. 出版地：出版者 . 出版年 . 起止页码 .

④ 析出文献：作者 . 题名［C］//编者 . 文集名 . 出版地：出版者 . 出版年：起止页码 .

⑤ 学位论文：作者 . 题名［D］. 保存地：保存单位，公布年份 .

⑥ 专利文献：申请者 . 专利题名：专利国别，专利号［P］. 公告日期 .

⑦ 科技报告：作者 . 题名 . 报告代码及编号［R］. 地名：责任单位，公布年份 .

⑧ 报纸文章：作者 . 题名［N］. 报纸名，出版日期（版次）.

⑨ 电子文献：作者 . 题名［EB/OL］. 电子文献出处或地址 . 发表日期（加圆括号），引用日期（加方括号）. 网址 . 获取和访问途径 .

（7）在"文件"选项卡下单击"另存为"命令，在弹出的"另存为"对话框中，选择保存位置，输入以"学号姓名"命名的文件名，单击"保存"按钮。

样张请扫描如下二维码：

实验二样张

实验3 计算机中的数据与展示

一、实验目的

（1）掌握电子表格的输入、编辑和计算功能，了解数据处理中常见、基本的操作。

（2）掌握电子表格中数据自动填充、排序查询、高级筛选等自动处理功能。

（3）掌握图表生成与更新功能，实现数据可视化处理。

（4）加深对数据处理的理解，掌握常见的数据处理方法和工具的应用。

二、实验内容

（1）通过案例，熟练掌握电子表格的创建及数据内容编辑的方法。

（2）结合具体案例和实际操作，实践公式和函数的使用。

（3）通过案例实现电子表格的数据自动化处理：

① 数据自动填充；

② 数据排序查询与高级筛选。

（4）以图表的选择、生成为例，实际动手完成数据的可视化操作。

（5）体会数、图、表一体化的优点。

三、实验步骤

打开电子表格 excel.xlsx，按照下列要求完成此电子表格的操作并保存。

（1）选择 Sheet1 工作表，以分隔符号"."将 A 列分列成二列。适当调整列宽后，在 A1 单元格中输入"序号"，B1 单元格中输入"内容"，C1 单元格中输入"知识点代码"，D1 单元格中输入"知识点名称"，E1 单元格中输入"知识点权重"。

① 选中工作表 Sheet1 中的 A1：A17 单元格，单击"数据"→"分列"，在弹出的"文本分列向导-第 1 步，共 3 步"对话框中，选择"分隔符号"，单击"下一步"按钮，如图 3.1 所示。

② 在"文本分列向导-第 2 步，共 3 步"对话框中，取消选中"Tab 键"复选框，单击"其他"复选框，输入英文状态下的"."，然后在"文本识别符号"下拉列表中选择"无"，单击"下一步"按钮，如图 3.2 所示。

③ 在"文本分列向导-第 3 步，共 3 步"对话框中，单击"完成"按钮，在弹出的提示对话框中单击"确定"按钮，如图 3.3 所示。

④ 适当调整列宽后，在 A1 单元格中输入"序号"，B1 单元格中输入"内容"，C1 单元格中输入"知识点代码"，D1 单元格中输入"知识点名称"，E1 单元格中输入"知识点权重"。

（2）根据 B 列内容，使用 IF 函数和 COUNTIF 函数分析计算后填充 C 列知识点代码（其中，计算思维=JSSW，大数据=DSJ，人工智能=RGZN，递归=DG）。根据"知识点代码对照表"工作表和"知识点权重对照表"工作表中的内容，使用 VLOOKUP 函数填充 D 列知识点名称和 E 列知识点权重的内容。

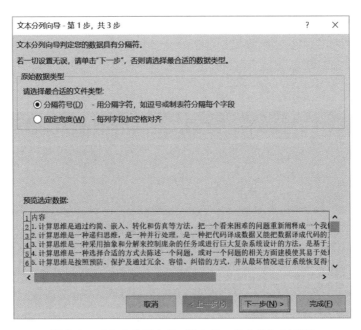

图 3.1　"文本分列向导-第 1 步，共 3 步"对话框

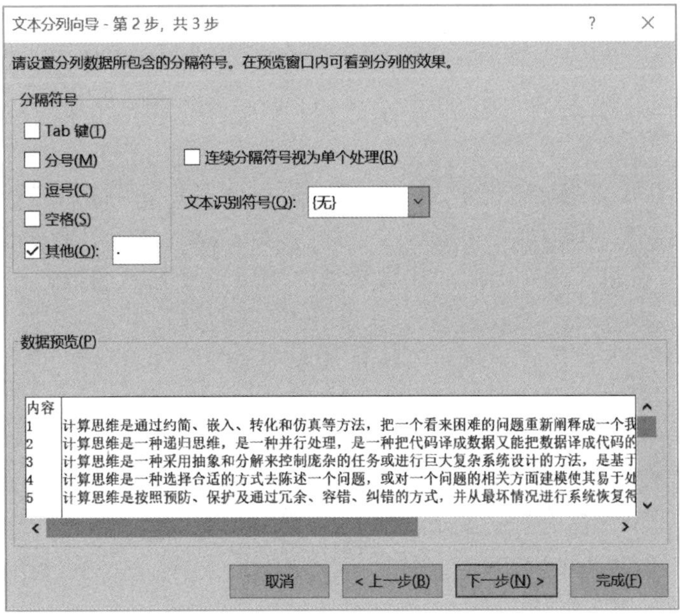

图 3.2　"文本分列向导-第 2 步，共 3 步"对话框

图 3.3　提示对话框

① 选中单元格 C2, 在公式栏中输入 " = IF (COUNTIF (B2," * 计算思维 * ")= 1, "JSSW", IF (COUNTIF (B2," * 大数据 * ")= 1," DSJ", IF (COUNTIF (B2," * 人工智能 * ")= 1," RGZN", IF (COUNTIF (B2," * 递归 * ")= 1," DG"))))" 后按 Enter 键, 如图 3.4 所示。

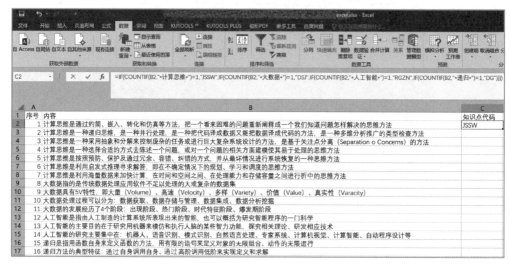

图 3.4   在公式栏中输入 IF 函数和 COUNTIF 函数计算公式

② 选中单元格 C2, 鼠标定位到 C2 单元格右下角触发智能填充功能, 双击进行其他单元格的内容填充。

③ 选中单元格 D2, 单击 "公式" → "函数库" → "插入函数", 打开 "插入函数" 对话框, 在 "或选择类别" 下拉列表中选择 "全部", 在 "选择函数" 列表框中选择 "VLOOK-UP", 单击 "确定" 按钮, 在弹出的 "函数参数" 对话框中输入参数, 在 Lookup_value 参数处输入 "C2", 在 Table_array 参数处输入 "知识点代码对照表! $ A $ 2:$ B $ 5", 在 Col_index_num 参数处输入 "2", 在 Range_lookup 参数处输入 "FALSE", 如图 3.5 所示, 单击 "确定" 按钮。

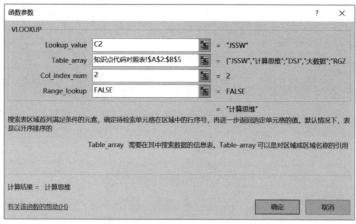

图 3.5   "函数参数" 对话框

④ 选中单元格 D2，鼠标定位到 D2 单元格右下角触发智能填充功能，双击进行其他单元格的内容填充。

⑤ 选中单元格 E2，单击"公式"→"函数库"→"插入函数"，打开"插入函数"对话框，在"或选择类别"下拉列表中选择"全部"，在"选择函数"列表框中选择"VLOOKUP"，单击"确定"按钮，在弹出的"函数参数"对话框中输入参数，在 Lookup_value 参数处输入"D2"，在 Table_array 参数处输入"知识点权重对照表！$A$2：$B$5"，在 Col_index_num 参数处输入"2"，在 Range_lookup 参数处输入"FALSE"，单击"确定"按钮。

⑥ 选中单元格 E2，鼠标定位到 E2 单元格右下角触发智能填充功能，双击进行其他单元格的内容填充。选中 E2：E17 单元格，单击"开始"按钮，在"数字"功能区下拉列表中选择"百分比"，并单击 2 次"减少小数位数"。

（3）利用条件格式将"知识点名称"列值为"计算思维"的单元格设置为"浅红填充色深红色文本"、值为"人工智能"的单元格设置为"绿填充色深绿色文本"。

① 选中 D2：D17 单元格，单击"开始"→"样式"组→"条件格式"下拉按钮，单击"突出显示单元格规则"中的"等于…"，在弹出的"等于"对话框中输入"计算思维"，设置为"浅红填充色深红色文本"，如图 3.6 所示，单击"确定"按钮。

图 3.6　等于对话框"计算思维"的条件格式设置

② 再次单击"开始"→"样式"→"条件格式"下拉按钮，单击"突出显示单元格规则"中的"等于…"，在弹出的"等于"对话框中输入"人工智能"，设置为"绿填充色深绿色文本"，如图 3.7 所示，单击"确定"按钮。

图 3.7　等于对话框"人工智能"的条件格式设置

（4）分别选中"知识点代码"列、"知识点名称"列、"知识点权重"列的数据，插入一个"堆积面积图"，设置为"数据标签外"，图表形状效果为"阴影"→"右上对角透视"，将新生成的图表以"图片（增强型图元文件）方式"移动到新工作表 A1：K18 单元格区域内，新工作表命名为"图"。

① 分别选中"知识点代码"列、"知识点名称"列、"知识点权重"列的数据，单击"插入"→"图表"→"查看所有图表"，在弹出的"插入图表"对话框中，单击"所有图表"，选择"柱形图"中的"簇状柱形图"，如图 3.8 所示，单击"确定"按钮。

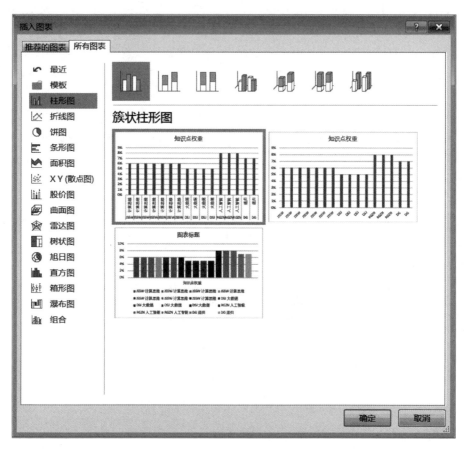

图 3.8 "插入图表"对话框

② 单击"图表工具 | 设计"→"图表布局"→"添加图表元素"→"数据标签"→"数据标签外"。单击"图表工具 | 格式"→"形状样式"→"形状效果"下拉按钮，选择"阴影"→"右上对角透视"。

③ 单击工作表栏最右边"加"号，创建一个新工作表，右击新工作表名，在弹出的快捷菜单中选择"重命名"，输入"图"来命名新工作表。选中刚才生成的图表右击，在弹出的快捷菜单中选择"剪切"，然后单击工作表"图"，选择"开始"→"粘贴"→"选择性粘贴"中的"图片（增强型图元文件）"，如图 3.9 所示，单击"确定"按钮。在当前工作表中用鼠标适当调整后，将图片放置在 A1：K18 单元格区域内。

（5）对 Sheet1 工作表按主要关键字"知识点权重"的升序和次要关键字"知识点名称"的降序进行排序并重新调整"序号"列。对排序后的数据进行高级筛选：在数据清单前插入四行，条件区域设在 A1：E3 单元格区域，条件是知识点名称为"计算思维"或"人工智能"且"序号"大于 8。

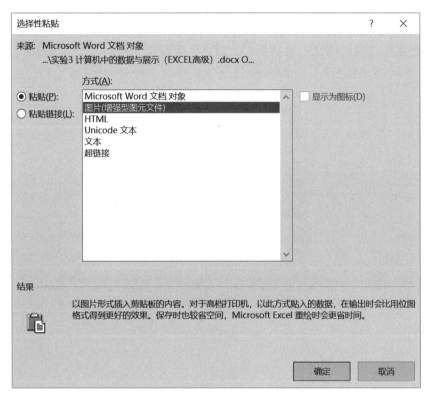

图 3.9 "选择性粘贴"对话框

① 选中 Sheet1 工作表，单击工作表数据区域中的任意单元格，单击"数据"→"排序和筛选"→"排序"。在弹出的"排序"对话框中，主要关键字设置为"知识点权重"，次序设置为"升序"；次要关键字设置为"知识点名称"，次序设置为"降序"。如图 3.10 所示，单击"确定"按钮后，手动调整序号顺序。

图 3.10 "排序"对话框

② 在 Sheet1 工作表的数据清单前插入四行，分别把"序号""内容""知识点代码""知识点名称""知识点权重"复制到 A1：E3 单元格区域。接下来分别在 D2 单元格中输入"计

算思维",在 D3 单元格中输入"人工智能",在 A2 单元格中输入">8",在 A3 单元格中输入">8"。单击需要筛选数据区域中的任意单元格,然后单击"数据"→"排序和筛选"→"高级",在弹出的"高级筛选"对话框中,列表区域设置为"$A$5:$E$21",条件区域设置为"Sheet1!$A$1:$E$3",如图 3.11 所示,单击"确定"按钮。

图 3.11　"高级筛选"对话框

实验 4　认知信息安全

一、实验目的

（1）明确信息安全的基本概念及意义。

（2）理解常用的信息安全技术及其工作原理。

（3）树立信息安全意识，具备基本的信息安全防护技能。

二、实验内容

1. 实验背景

随着互联网的快速发展，信息作为一种无形资产，广泛应用于各个行业，其重要性日益增强，但随之而来的信息安全问题也越来越多。例如：

据澎湃新闻 2022 年 8 月报道，国内一"黑客"利用木马病毒非法控制逾 2 000 台计算机，入侵 40 多家国内金融机构的内网交易数据库，非法获取交易指令和多条内部信息，进行相关股票交易牟利，非法所得人民币 183.57 万元。

2022 年 12 月 20 日，某汽车企业就用户数据遭窃取发表致歉声明，证实了此前其用户数据被泄露的传闻。声明显示，遭窃取数据为 2021 年 8 月之前的部分用户基本信息和车辆销售信息，在 12 月 11 日，该汽车企业曾收到外部邮件，被以泄露数据为威胁勒索 225 万美元等额比特币。

2022 年 2 月，某地警方侦破一起假借冬奥知识传播活动为名实施诈骗的案件。李某辉伙同汤某峰等人在没有取得冬奥组委会授权的情况下，开发"冬奥知识竞赛平台"，非法获取全国大中专院校在校学生的个人信息 350 余万条，骗取部分参与者缴纳证书工本费总计 1 000 多万元。

根据 IBM 发布的《2022 年数据泄露成本报告》，数据泄露的平均成本创下 435 万美元的历史新高，比 2021 年增长了 2.6%，自 2020 年以来增长了 12.7%。

由此可见，大到国家的军事、政治、经济各方面的机密，小到家庭乃至个人的隐私，都存在信息安全泄露的风险。信息安全无小事，每个人都应给予足够的重视，切实做到保护信息安全，人人有责。

2. 具体内容

（1）将学生分组，并为每组确定研究主题

（2）查阅相关资料

（3）撰写实验报告

（4）制作汇报 PPT

（5）交流答辩

三、技术原理

信息安全通常指的是信息的机密性（confidentiality）完整性（integrity）和可用性（availability），它们是信息安全的三大基石。机密性是指只有授权用户可以获取信息；完整性是指信息在存储和传输的过程中，不被非法授权修改或破坏，保证数据的一致性；可用性是指保证合法用户对信息和资源的使用不会被不正当地拒绝。

信息安全的实质就是要保护信息系统或信息网络中的信息资源免受各种类型的威胁、干扰和破坏。为保障信息安全，常采用的主要技术有身份认证技术、密码技术、防病毒技术、防火墙技术和入侵检测技术等。

1. 身份认证技术

计算机网络世界中一切信息包括用户的身份信息都是用一组特定的数据来表示的，计算机只能识别用户的数字身份，所有对用户的授权也是针对用户数字身份的授权。如何保证以数字身份进行操作的操作者就是这个数字身份的合法拥有者，也就是说保证操作者的物理身份与数字身份相对应，是信息安全领域中的一个重要问题。身份认证技术就是解决这个问题的一种技术。

常用的身份认证技术主要有用户口令、智能卡、生物认证及数字签名等。

2. 密码技术

随着国家网络化、信息化建设进程的推进，各领域的数据呈现出急剧增加的趋势，而且这些数据中可能还包含了一些敏感性的信息，如商业秘密、订单信息、银行卡账户和口令等，如果将这些信息直接存储或在网络上传输，可能会被黑客监听造成机密信息的泄露，所以现代网络中广泛应用了各种数据加、解密技术，将明文信息转换成为局外人难以识别的密文之后再放到网上传输，从而有效地保护机密信息的安全。

3. 防病毒技术

计算机病毒（computer virus）就像生物病毒一样，具有自我繁殖、互相传染以及激活再生等生物病毒特征。它们有独特的复制能力，能够快速蔓延，又常常难以根除。它们能把自身附着在各种类型的文件上，当文件被复制或从一个用户传送到另一个用户时，它们就随同文件一起蔓延开来。

具体来说，计算机病毒是指人为编制的，在计算机程序中插入的破坏计算机功能或者破坏数据，影响计算机正常使用并且能够自我复制的一组计算机指令，具有传播性、隐蔽性、传染性、潜伏性、可激发性、破坏性等特点。

在网络环境下，计算机病毒的传播速度是单机环境的几十倍，网页浏览、邮件收发、软件下载等网络应用均可能感染病毒，因此网络病毒防范也是信息安全技术中重要的一环。

4. 防火墙技术

古时候，人们常在房子之间砌起一道砖墙，一旦火灾发生，它能够防止火势蔓延到别的房子。如果一个网络接入了 Internet，它的用户就可以访问外部世界并与之通信。但同时，外部世界也同样可以访问该网络并与之交互。为了安全起见，可以在该网络和 Internet 之间插入一个中介系统，竖起一道安全屏障。这道屏障的作用是阻断来自外部通过网络对本网络的威胁和入侵，提供扼守本网络的安全和审计的关卡，它的作用与古时候的防火砖墙有类似之处，因此人们把这个屏障称为"防火墙"。

在设计防火墙（firewall）时，人们做了一个假设，假设防火墙保护的网络是"可信任的网络"，即内部网络，而防火墙阻挡的是"不可信任的网络"，即外部网络。防火墙就是设置在内部网络和外部网络之间加强访问控制、执行安全控制策略的系统，它包括软件和硬件，对通信进行过滤，以保护内部网络免受外部网络的攻击。

5. 入侵检测技术

防火墙技术试图在入侵行为发生之前阻止所有可疑的通信，但事实上这是不可能的。因此在入侵已经发生，但还没有造成危害或在造成更大的危害之前，及时检测到入侵，以便尽快阻止入侵，把危害降到最小是十分必要的，入侵检测（intrusion detection，ID）正是这样一种技术。

入侵检测技术是一种用于检测计算机网络或系统中违反安全策略行为的技术。它通过收集和分析网络行为、安全日志、审计数据、其他网络上可以获得的信息以及计算机系统中若干关键点的信息，检查网络或系统中是否存在未被授权的行为或异常现象。入侵检测技术的作用是提供实时的入侵检测及采取相应的防护手段，如记录证据用于跟踪和恢复、断开网络连接等。进行入侵检测的软件与硬件的组合便是入侵检测系统（intrusion detection system，IDS）。

尽管保障信息安全的技术有很多，但信息安全事件依然层出不穷。无数信息安全事件用"血淋淋"的教训告诉我们，信息安全是一个复杂的系统工程，涉及信息技术的各个层面。要保障信息安全，除了应用技术方面的措施之外，健全信息安全法、提升人们的信息安全意识也是必要的 。所以，信息安全的保护不是孤立的，不是某项技术或某个人能做到的，需要运用计算机的系统思维来实现。

四、实验步骤

1. 任务布置

此项工作需要任课教师提前布置。

（1）为学生分组，并为每组学生确定研究主题。具体主题可选范围如表 4.1 所示。

表 4.1　研究主题列表

序号	主题
1	浅论信息安全、网络安全和国家安全之间的关系
2	浅论信息安全的现状及意义
3	浅论信息安全的体系结构
4	浅论计算机病毒
5	浅论防火墙技术
6	浅论入侵检测技术
7	浅论加解密技术
8	浅论国家的网络空间主权
9	浅论个人计算机信息安全的防护措施
10	浅论计算机犯罪与信息社会的道德与法规

（2）学生查阅与研究主题相关的资料，并进行分析讨论。

（3）撰写实验报告。依据前面分析讨论的结果，撰写实验报告，要求报告不少于 800 字。

（4）制作汇报 PPT。依据前面实验报告内容制作 PPT，PPT 要求图文并茂，且不少于 15 页。

2. 交流答辩

学生以小组为单位，进行现场交流答辩，答辩顺序可以现场抽签决定。每个小组答辩时，首先围绕 PPT，阐述自己的研究主题，然后，其他学生或任课教师均可以针对该组阐述的内容进行提问，最后由任课教师依据该组的答辩情况进行成绩评定。

五、实验结果

实验报告和汇报 PPT 各一份，并按要求提交。

六、注意事项

（1）实验报告和汇报 PPT 中应写明组别、研究主题、小组成员等信息。

（2）实验报告和汇报 PPT 请以"组别–研究主题"命名。

实验 5　图像编码与处理

一、实验目的

（1）了解计算机中图像表示的原理。

（2）掌握图像大小的计算方法及影响因素，以及图像的压缩方法。

（3）熟练掌握 Photoshop 软件的基本操作，以及图层文字工具的使用。

（4）培养学生主动探究、分析和解决复杂问题的能力。

二、实验内容

1. 实验背景

临近春节，需利用软件制作一款节日宣传单，如图 5.1 所示。

2. 具体内容

（1）学习图像表示原理，了解位图的概念。

（2）学习图像大小的计算方法。

（3）结合实践，熟悉 Photoshop 软件的基本使用。

（4）利用素材制作节日宣传单。

三、技术原理

1. 计算机用 0 和 1 对图像进行存储

如果有一张黑白图像，计算机如何用"0"和"1"来对黑白图像进行表示呢？在计算机中只需要用"1"表示黑色像素，用"0"表示白色像素，问题就迎刃而解了，如图 5.2 所示。

图 5.1　节日宣传单效果图

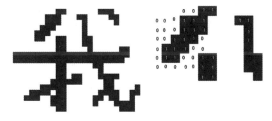

图 5.2　黑白图像的表示

图 5.2 中的每一位称为像素（pixel），即一个像素就是一个二进制位（0 或者 1）。

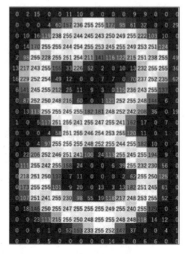

如果要表示灰度图像，则需要增加表示每一个像素的二进制的位数。一般灰度图像位数增加到 8 位，00000000～11111111 一共有 256 种组合，每一个像素点就可以表示出 256 级灰度。如图 5.3 的数字 8 使用灰度表示，每一位上由 8 个二进制位表示，所以对应的数值范围为 0～256（十进制）。

彩色图像在计算机里一般采用 RGB 模式，因为几乎所有颜色都可以由三种原色——红色（R）、绿色（G）和蓝色（B）配比生成。所以说每个彩色图像都是由这三种颜色或 3 个通道（红色、绿色和蓝色）生成，如图 5.4 所示。

图 5.3　灰度图像的表示

彩色图像　　　　　红色　　　　　绿色　　　　　蓝色

图 5.4　彩色图像三通道

2. 位图图像大小的计算

位图图像，亦称为点阵图像或绘制图像，是由称为像素的单个点组成的。

图 5.4

要计算一张位图图像所需要占用的存储空间的大小，可按照如下公式（单位为 B）：

存储空间大小＝横向像素数×纵向像素数×颜色深度（表示每个像素的颜色信息使用的字节数）

例如，灰度（256 级）图像每个像素使用 8 个二进制位表示一个像素的颜色信息，颜色深度为 1 B；24 位真彩色图像，每个像素使用 24 个二进制位表示一个像素的颜色信息，颜色深度为 3 B。

由上述可知：分辨率为 1 920×1 080 的彩色图像（24 位真彩色）需要占用的存储空间为：

$$1\ 920×1\ 080×3\ B＝5.93\ MB$$

3. 图像的压缩与格式

为了节省存储空间，需要对图像进行压缩处理。平常使用的很多图片都是按照相应标准进行压缩的，如 jpg 和 jpeg 格式的图片都是按照 jpeg 压缩标准进行压缩，png 格式的图片采用了基于 LZ77 派生算法对文件进行压缩。

四、实验步骤

1. Photoshop 启动

单击桌面的 Photoshop 图标，或者在"开始"菜单→"应用程序"中找到 Photoshop 图标，单击启动 Photoshop，启动成功后的界面如图 5.5 所示。（注：不同版本的 Photoshop 界面可能不完全一致，但大体上相差不大，不影响使用。）

图 5.5　Photoshop 启动界面

2. 新建文档

单击左侧的"新建"按钮，弹出"新建"对话框，如图 5.6 所示，图像参数设置如表 5.1 所示。

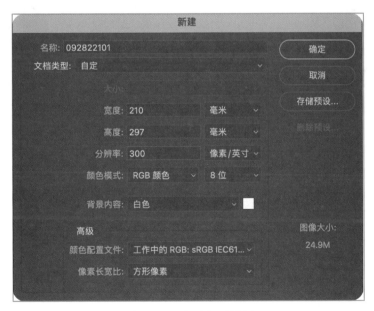

图 5.6　"新建"对话框

表 5.1　图像参数设置

参数名	参数值	说明
名称	092822101	以学号命名
宽度	210	单位选择毫米
高度	297	单位选择毫米
分辨率	300	单位选择像素/英寸
颜色模式	RGB 颜色	位数选择 8 位
背景内容	白色	

3. 工作界面认识

（1）单击"确定"按钮，进入 Photoshop 工作界面，如图 5.7 所示。

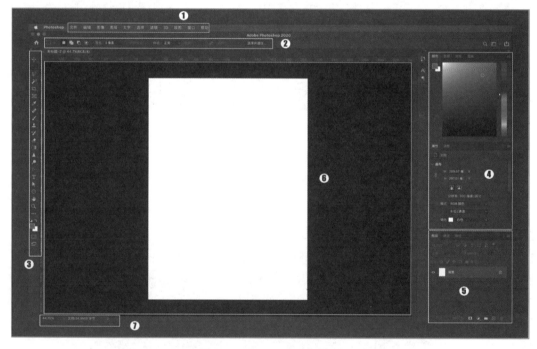

图 5.7　Photoshop 工作界面

Photoshop 工作界面各部分功能如下。

① 菜单栏：单击可弹出相应菜单，用于完成编辑图像、调整色彩等效果。

② 属性栏：工具箱中各个工具的功能扩展。

③ 工具箱：包含了不同的工具，利用这些工具可完成对图像的绘制、修改等操作。

④ 控制面板：根据设计需要，选择相应的控制面板，可完成图像中颜色设置、属性设置。

⑤ 图层面板：对图层进行基本编辑，包括图层的增、删、改、样式的添加等。

⑥ 工作区：进行图像设计、编辑的工作区域。

⑦ 状态栏：显示当前编辑的文档的基本信息、显示比例等。

（2）保存文件，选择"文件"→"保存为"，选择保存路径，注意默认保存格式为 psd 格式。在整个海报的制作过程中，注意文档的保存，以免发生意外丢失工作信息。

4. 背景设置

（1）选择渐变工具，如图 5.8 所示。

图 5.8　工具箱中的渐变工具

（2）单击属性栏中的"点按可编辑渐变"按钮，如图 5.9 矩形框所示部分。

图 5.9　渐变工具属性栏

（3）弹出"渐变编辑器"对话框，如图 5.10 所示。

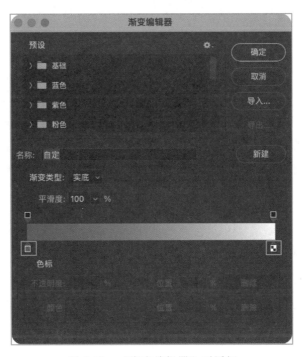

图 5.10　"渐变编辑器"对话框

（4）设置渐变色：从红色（其 RGB 值为 243，77，87）到白色（其 RGB 值为 255，255，255），操作步骤如下：

① 设置起始颜色，首先单击图 5.10 左侧矩形框标识的色标标记（此时位置值为 0）。

② 然后单击下方颜色框,如图 5.11 矩形框所示,弹出颜色拾取器(拾色器),分别设置 RGB 三个分量的值为 243、77、87,如图 5.12 矩形框所示。

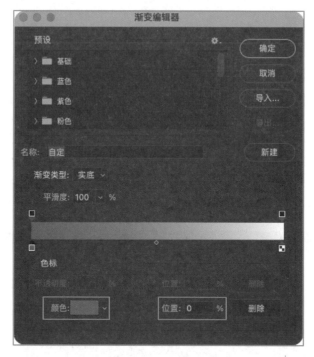

图 5.11 设置起始颜色

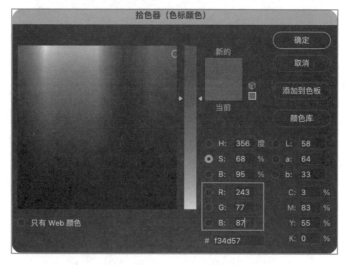

图 5.12 拾色器(设置起始颜色)

③ 单击"确定"按钮,渐变编辑器如图 5.13 所示。

④ 同理,单击图 5.10 右侧矩形框标识的色标标记(此时位置值为 100),设置终止颜色为白色,RGB 值为 255、255、255。如图 5.14 所示,单击"确定"按钮后渐变编辑器效果如图 5.15 所示。

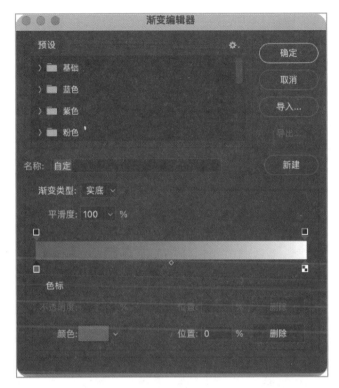

图 5.13 渐变编辑器（起始颜色设置后）

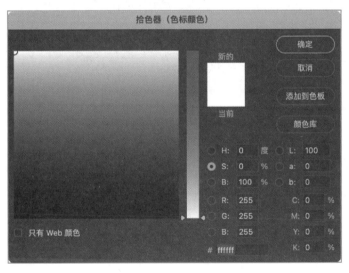

图 5.14 拾色器（设置终止颜色）

　　仔细核对相关参数，确保正确设置。渐变类型：实底；平滑度：100%；对应颜色不透明度：100%（不透明度设置查看方式为：单击对应色标上方的黑色按钮，观察位置和不透明度的值）。如图 5.16 所示。

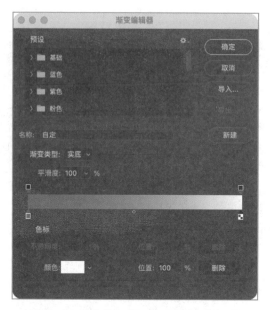

图 5.15　渐变编辑器（终止颜色设置后）

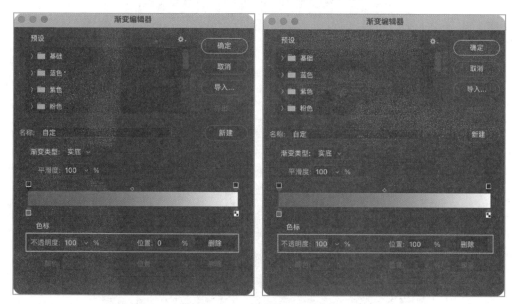

图 5.16　渐变色不透明度

（5）填充渐变背景，步骤如下。

① 检查渐变属性设置：在上一步设置好背景填充色后，观察属性栏中渐变基本设置。填充方式为线性渐变；模式为正常；不透明度为 100%；选中仿色、透明区域复选框。如图 5.17 所示。

图 5.17　渐变属性设置

② 按住鼠标左键在工作区中从上到下拖动，利用渐变填充背景（注：此时工具箱中选中的是渐变工具），效果如图 5.18 所示。

图 5.18　渐变填充操作及最终效果

5. 添加房屋素材图片

（1）打开素材包中的 1. jpg 文件（右击图片文件，在弹出的快捷菜单中选择 Photoshop 打开），如图 5.19 所示。

图 5.19　打开素材

（2）在背景图层上右击鼠标，在弹出的快捷菜单中选择"复制图层"，如图 5.20 所示，弹出"复制图层"对话框。在"目标"区域的"文档"下拉列表中选择图层复制的目标文件（此处为上面新建的 psd 文件），如图 5.21 所示，单击"确定"按钮。

图 5.20　复制图层

图 5.21　复制图层目标选择

（3）修改图层名称。在目标文档中，观察图层面板，发现新增了一个图层（上一步复制的图层）。在该图层的名称位置（下方矩形框所示处）双击，修改图层名称为"房屋"，如图 5.22 所示。

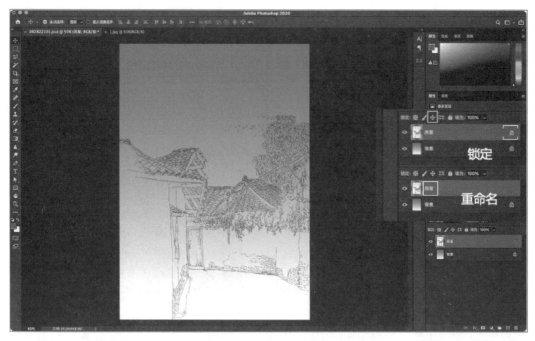

图 5.22　图层重命名

（4）更改图层位置。在工具箱中选择"移动"工具 拖动"房屋"图层到适当位置，如图 5.22 所示。"房屋"图层位置确定后，单击图层面板中上方矩形框所示图标，将"房屋"图层锁定（不能随意移动）。

（5）设置"房屋"图层混合模式为"正片叠底"，不透明度为 60%（注意选中"房屋"图层），如图 5.23 所示。

图 5.23 图层混合模式设置

6. 添加扇子素材图片

（1）打开素材包中的 2. png 文件，将其复制到目标文档。

（2）修改图层名称为"扇子"。

（3）选中"扇子"图层，单击图层面板下方的 fx，选择"投影"，弹出图层样式对话框，如图 5.24 所示。投影参数设置如图 5.25 所示（注：矩形框部分设置投影颜色，本实验中投影颜色为黑色。单击后弹出拾色器，可修改投影颜色，黑色的 RGB 值为（0，0，0））。添加图层样式后如图 5.24 所示。

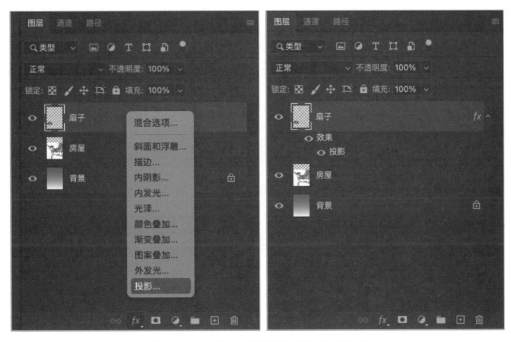

图 5.24 "扇子"图层添加图层样式投影

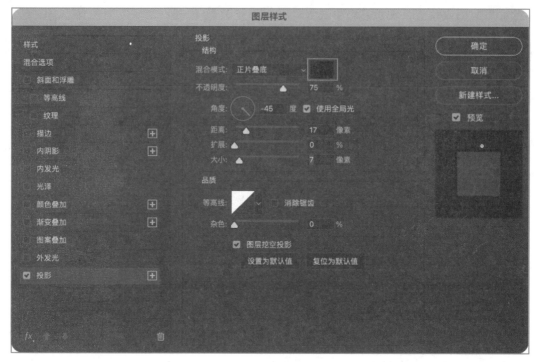

图 5.25　投影参数设置

（4）右击"扇子"图层，在弹出的快捷菜单中选择"复制图层"，得到"扇子"图层的拷贝。执行复制命令 3 次，得到 3 个"扇子"图层的拷贝。

（5）选择移动工具，当鼠标放到需要移动的图层上，变成如图 5.26 所示形状时，按住左键拖动图层，调整扇子拷贝图层位置，如图 5.27 所示。在图层面板拖动对应图层，调整图层顺序，如图 5.28 所示。

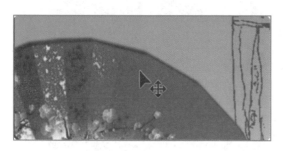

图 5.26　移动图层位置

图 5.27　"扇子"拷贝图层位置

（6）调整图层内容大小和位置。

① 在图层面板中选中"扇子拷贝 3"图层，在菜单中选择"编辑"→"变换"→"缩放"，图层内容周围出现方框，如图 5.29 所示，按住 Shift 键同时拖动对角线方框（矩形框所示），调整大小，效果如图 5.30 所示。

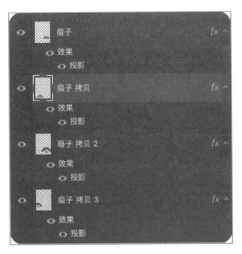

图 5.28　调整图层顺序

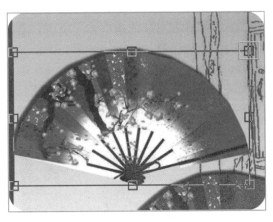

图 5.29　调整图层大小

② 以同样的方法修改"扇子拷贝 2"图层的大小及位置，如图 5.31 所示。

图 5.30　调整图层大小的效果

图 5.31　调整"扇子拷贝 2"
图层大小及位置的效果

③ 以同样的方法修改"扇子拷贝 3"图层的大小及位置，如图 5.32 所示。

④ 以同样的方法修改"扇子拷贝 4"图层的大小及位置（注意调整相应图层的位置，使 4 个扇子位置协调），最终效果如图 5.33 所示。

图 5.32　调整"扇子拷贝 3"
图层大小及位置的效果

图 5.33　扇子所有图层大小及
位置调整后的效果

7. 添加花图层

（1）打开素材包中的 3. png、4. png 文件，将其复制到目标文档。

（2）分别命名对应的图层为"花 1"（3. png）、"花 2"（4. png），并调整图层位置，如图 5.34 所示。

（3）选中"花 2"图层，在菜单中选择"编辑"→"变换"→"旋转"，鼠标放置右上角方框外，鼠标变成旋转标记时旋转图层至适当角度，如图 5.35 所示，按 Enter 键确认。

图 5.34　"花 1""花 2"图层位置

图 5.35　选择图层示意图

（4）复制"花 2"图层，拖动"花 2 拷贝"图层到左上位置，并进行旋转，最终效果如图 5.36 所示。

图 5.36　图层调整效果

8. 添加灯笼

（1）打开素材包中的 5. png 文件，将其复制到目标文档。

（2）命名对应的图层为"灯笼"，并调整图层位置及大小，效果及图层顺序如图 5.37、图 5.38 所示。

图 5.37 灯笼大小及位置

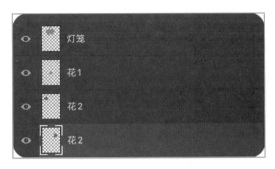

图 5.38 灯笼图层顺序

（3）为"灯笼"图层添加图层样式投影，投影参数设置如图 5.39 所示。

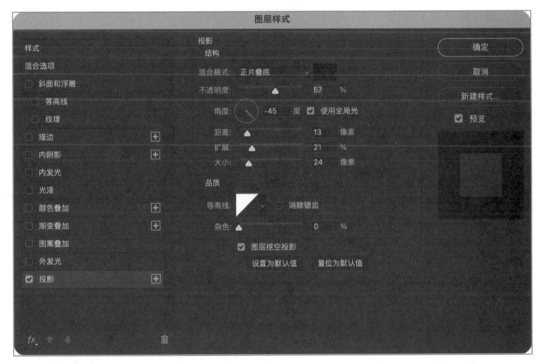

图 5.39 "灯笼"图层投影参数设置

9. 添加文字

（1）设置前景色为白色，观察工具箱中的前景色、背景色设置。图 5.40 中，1 为前景色，2 为背景色，当前前景色为白色，背景色为黑色。若前景色和背景色不符，可单击 3 的黑色小块恢复前景色为黑色，背景色为白色，然后单击 4 的箭头交换前景色、背景色。

（2）选择文字工具，如图 5.41 所示，文字工具属性栏选择华文行楷（根据设计需要可自行选择字体），字体大小设为 250 点（根据需要可调整相应的字体大小，数值越大，字体越大），如图 5.42 所示。

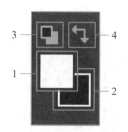

图 5.40　前景色背景色设置

图 5.41　文字工具

图 5.42　文字工具属性栏

（3）鼠标指针移至海报中间，当鼠标指针变成如图 5.43 所示形状时，单击左键，添加文字图层，输入文字"春"，移动图层至适当位置，如图 5.44、图 5.45 所示。

图 5.43　添加文字

图 5.44　添加文字"春"的效果

（4）按照上述方法输入文字"节"，并移动图层至适当位置，如图 5.46 所示。

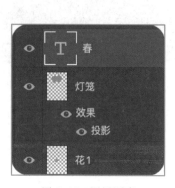

图 5.45　图层顺序

图 5.46　添加文字"节"的效果

（5）添加文字图层样式。为两个文字图层分别添加图层样式投影及描边，参数设置如图 5.47、图 5.48 所示。

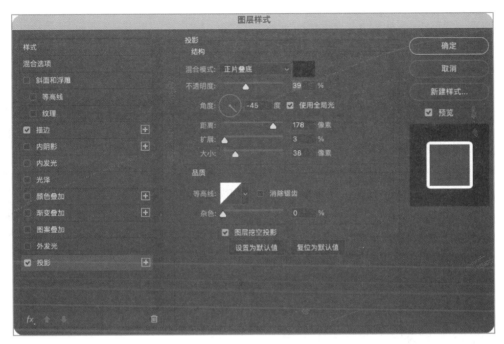

图 5.47　投影参数设置

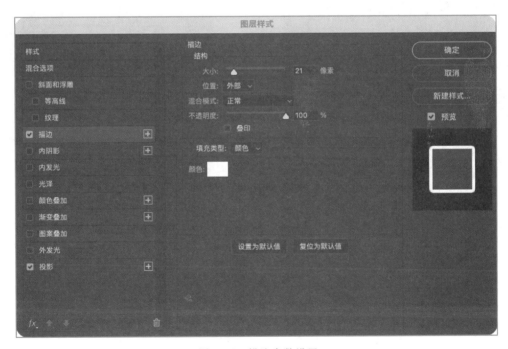

图 5.48　描边参数设置

注意：设置好投影参数后，在设置界面左侧选中"描边"复选框，切换到描边参数设置界面即可设置描边参数。

10. 美化文字

（1）打开素材包中的 6.jpg 文件，将其复制到目标文档。

（2）修改图层名称为"繁花"，右击图层，在弹出的快捷菜单中选择"复制图层"，得到"繁花拷贝"图层。将"繁花"图层置于"春"图层上方，"繁花拷贝"图层置于"节"图层上方，图层顺序如图 5.49 所示。

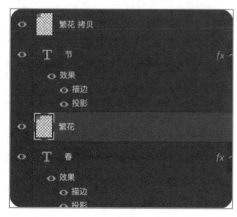

（3）调整两个繁花图层的大小，使其大小超过"春"字及"节"字大小。

（4）在两个繁花图层上右击，在弹出的快捷菜单中选择"创建剪贴蒙版"（见图 5.50），使图片大小限制在文字大小范围内，形成花字效果（注意调整"繁花"图层位置，使文字中间不要留白）。如图 5.51 所示。

图 5.49　图层顺序示意图

图 5.50　创建剪贴蒙版

图 5.51　剪贴蒙版效果图

（5）保存文件。选择"文件"→"存储"（此时保存为 psd 格式）。若要求提交 jpg 文件，选择"文件"→"另存为"，保存格式选择 jpeg，单击"保存"按钮即可（注意保存路径的选择）。

五、实验拓展

（1）打开实验中制作的宣传单 psd 文件，选择"图像"→"图像大小"，查看图像大小的参数（宽、高的像素数）。

（2）按照图像大小的计算公式计算图片文件大小。

（3）查看保存的 jpg 文件的大小，看与（2）中计算得到的图像大小是否一致，若不一致请分析原因。

（4）若宣传单尺寸（宽、高）有大小限制要求，而所做宣传单文件过大，应如何修改使文件满足要求。

六、实验结果

以"学号姓名"作为作品文件名，保存为 jpg 格式，并按要求提交。

七、注意事项

实验过程中，相关参数的设置可以参考素材文档中的设置，也可以做适当微调。

实验 6　局域网组建

一、实验目的

（1）了解局域网的应用场合。

（2）熟悉组建局域网的常用设备和方法。

（3）熟练掌握主机 TCP/IP 属性设置及网络连通性测试的方法。

（4）培养学生主动探究、分析和解决复杂问题的能力。

二、实验内容

1. 实验背景

作为某公司的网络管理员，公司要求你进行公司局域网的组建。公司有三个部门，分别是管理部、人事部和技术部，要求实现每个部门内部主机之间能直接通信、不同部门主机之间也能通信。

2. 具体内容

（1）熟悉 Packet Tracer 软件。

（2）使用 Packet Tracer 软件搭建网络拓扑。

（3）规划与配置设备 IP 地址。

（4）测试网络连通性。

三、技术原理

1. 局域网

局域网，简称 LAN，是将有限范围内（一般是一幢大楼、一个办公室或一个校园）的各种计算机、终端等设备互连组建而成的网络。局域网的应用范围十分广泛，可用于实现数据共享、应用软件共享、硬件共享等功能。组建局域网常用的设备是交换机，如图 6.1 所示。

交换机是一种具有简化、低价、高性能和端口密集特点的网络互连产品。对应 OSI/RM（开放系统互连参考模型，见图 6.2），交换机按照工作层次不同可分为二层交换机、三层交换机和高层交换机，其中常用的主要是二层交换机和三层交换机。

图 6.1　交换机示意图

应用层
表示层
会话层
传输层
网络层
数据链路层
物理层

图 6.2　OSI/RM 示意图

从图 6.2 可以看出：二层交换机属于数据链路层设备，主要用于将一定范围内的主机进行互连，实现小型局域网络的组建；三层交换机属于网络层设备，它主要用于将局域网内的不同子网（或网段）进行互连，实现大型局域网的组建及加快内部数据的交换。

进行计算机网络组建的时候，为了提高通信线路和网络设备的利用率，以及信息的传输效率，采取了各种网络技术和方法，对网络中的数据流实现并行处理，且并行处理思想在网络各个层次中都有所体现。例如，在数据链路层，交换机将一个物理信道划分为多条虚拟的信道，这样就可以保证多个用户可以并行收发信息而且互不干扰。

2. 网络拓扑

计算机网络拓扑是指通过网络中节点与节点或节点与通信线路之间的几何关系表示网络结构，从而反映网络中各实体之间的结构关系。网络拓扑设计是组建计算机网络的第一步，它对网络功能、可靠性和通信费用等方面均有影响，是决定计算机网络性能优劣的重要因素之一。

网络拓扑结构主要有总线型、星形、环形、树形和网形，如图 6.3 所示。

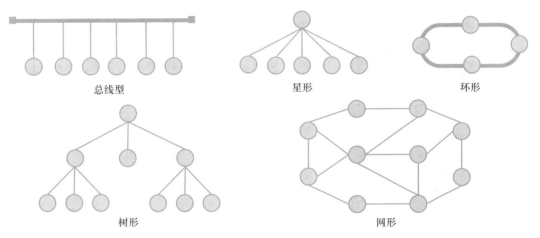

图 6.3　基本的网络拓扑结构示意图

依据实验背景，通过分析可知，本实验的网络拓扑结构如图 6.4 所示。

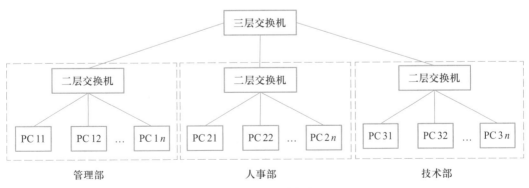

图 6.4　公司网络拓扑图

四、实验步骤

1. 认识 Packet Tracer 软件

Packet Tracer 是由思科公司发布的一款辅助学习的工具软件，可用于网络知识初学者的学习，为其设计、配置网络提供模拟环境。用户可以在软件的图形用户界面上直接使用拖曳方法建立网络拓扑，并可查看数据包在网络中传输的详细处理过程，观察网络实时运行情况。

（1）Packet Tracer 6.2 安装

在思科官网上下载 Cisco Packet Tracer 6.2 版本（Windows Student 版本，以下简称 Packet Tracer 6.2）。将下载好的安装文件（见图 6.5）及汉化语言包解压，双击安装包进行安装。

出现安装欢迎界面后，单击 Next 按钮，如图 6.6 所示。

图 6.5　Cisco Packet Tracer 6.2 图标

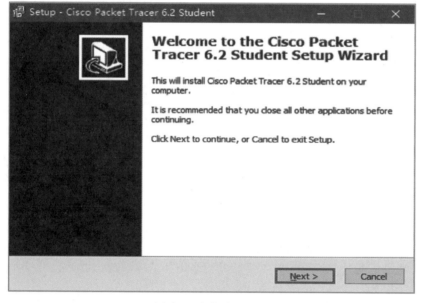

图 6.6　安装欢迎界面

在打开的许可认证界面，选中 I accept the agreement（我接受此协议）单选按钮，单击 Next 按钮，如图 6.7 所示。

选择 Cisco Packet Tracer 6.2 的安装位置，一般使用默认安装路径即可，如图 6.8 所示，单击 Next 按钮，进入正式安装界面。

如图 6.9 所示，选中 Create a desktop icon 复选框，创建桌面图标，这样方便在计算机桌面上打开 Cisco Packet Tracer 6.2，再按 Next 按钮，继续安装。

确定安装信息，如要修改可单击 Back 按钮返回之前的操作。如确认无误，可以直接单击 Install 按钮继续安装，如图 6.10 所示。

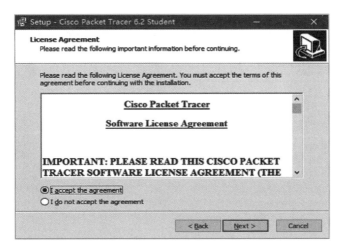

图 6.7 许可认证界面

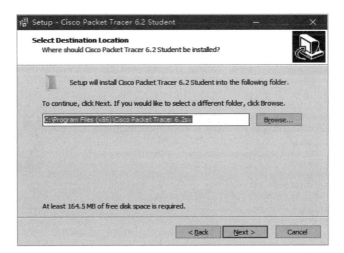

图 6.8 选择安装位置

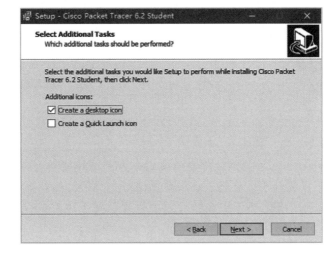

图 6.9 创建桌面图标

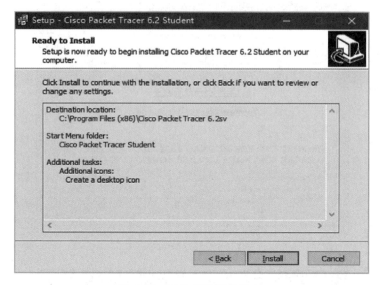

图 6.10 确认安装信息界面

进入安装界面，可以看到 Cisco Packet Tracer 6.2 正在安装中，等候几分钟即可，如图 6.11所示。

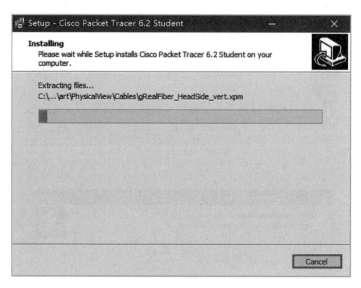

图 6.11 安装界面

单击 Finsh 按钮完成安装，如图 6.12 所示。

由于 Cisco Packet Tracer 的界面默认都是英文版，为了更好地学习该软件，可以进一步对 Cisco Packet Tracer 打上汉化补丁。注意：在汉化前最好先关闭已经打开的启动界面。

网上下载思科模拟器的汉化补丁或在软件包中查找已经下载好的汉化补丁 Chinese. ptl 文件，如图 6.13 所示。

图 6.12 安装完成界面

图 6.13 汉化补丁

复制软件包中的 Chinese. ptl 到 Cisco Packet Tracer 6.2 安装目录的 languages 文件夹下。双击桌面上的图标打开模拟器，这时看到的主界面还是英文的，如图 6.14 所示。

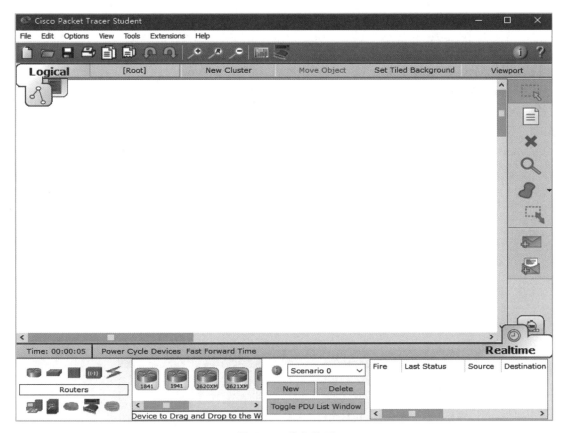

图 6.14 英文界面

在菜单栏选择 Options→Preferences，如图 6.15 所示。

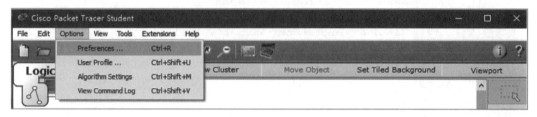

图 6.15　选项界面

在弹出的参数设置对话框中，单击选择 Chinese. ptl，再单击 Change Language 按钮，如图 6.16所示。

图 6.16　参数设置界面

这时模拟器提醒下一次启动模拟器时会加载此汉化包，如图 6.17 所示。

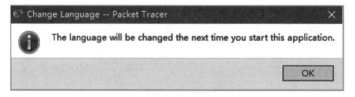

图 6.17　提醒界面

重新打开 Cisco Packet Tracer 6.2，这时可以看到界面大部分都是中文，如图 6.18 所示。

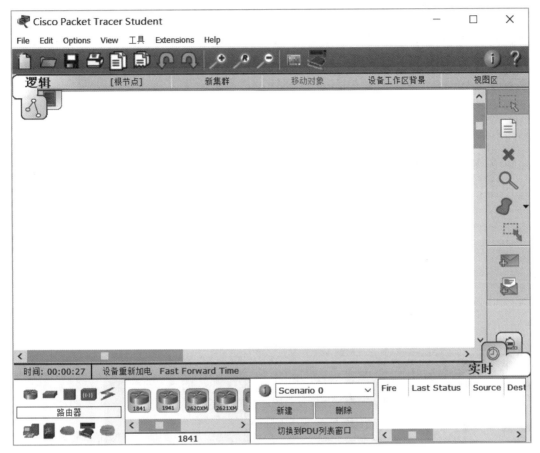

图 6.18　中文界面

（2）Packet Tracer 6.2 启动

双击桌面的软件图标，如图 6.19 所示，打开 Packet Tracer 6.2。

软件启动之后，主窗口中分别设有菜单栏（位置 1）、工具栏（位置 2）、工作区（位置 3）、工作区工具条（位置 4）、设备区（位置 5）和报文跟踪区（位置 6），如图 6.20 所示。

菜单栏：菜单栏的功能与其他软件的菜单栏功能类似，一般提供新建、打开、保存、打印、复制、粘贴、撤销、重做、放大、缩小等常规功能，并可查看软件信息等。

图 6.19　软件图标

工具栏：与菜单栏类似，不做赘述。

工作区：工作区为 Packet Tracer 的主要工作区域，可在此处添加设备、搭建网络拓扑、对设备进行配置和测试等。

工作区工具条：使用此区域内的工具可以对工作区中的网络拓扑图进行编辑，主要有选择、标注、删除等。

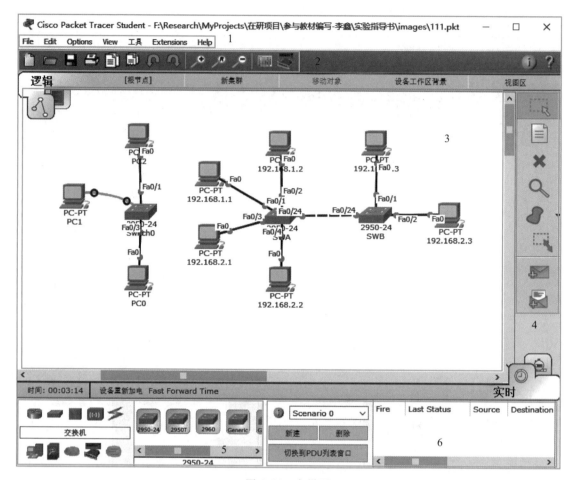

图 6.20　主界面

设备区：设备区提供路由器、交换机、连接线、各类终端等网络设备，帮助用户模拟实施网络搭建。

报文跟踪区：提供实时模式（realtime）和模拟模式（simulation）两种操作模式跟踪网络中传输的报文。实时模式下，网络行为和真实设备一样，对所有网络行为即时响应，一般用于网络测试；模拟模式下，是以动画的形式演示数据包在网络中的传输过程，用户可以对网络传输的数据包进行捕获，并对捕获到的数据包进行协议分析。

2. 使用 Packet Tracer 搭建网络拓扑

首先，单击设备区的设备类型图标，然后，在设备型号区，选择要添加的具体型号的设备，并按住鼠标左键不放，直接将其拖动到工作区，释放鼠标左键，完成设备添加，如需修改拓扑图中网络设备的名称，则可单击设备下方的主机名，使文本框进入可编辑状态后，直接修改即可，如图 6.21 所示。

用同样的方法添加其他设备，并按照前面图 6.4 所示，选择合适的连接线缆将相应设备连接起来，最后，在 Packet Tracer 中搭建出本实验的网络拓扑图，如图 6.22 所示。

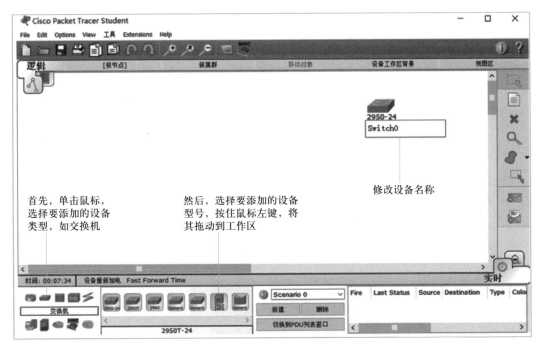

图 6.21　添加设备示意图

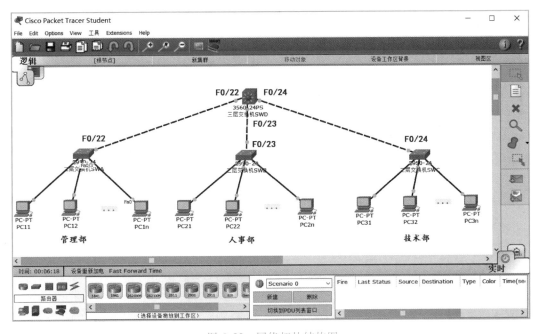

图 6.22　网络拓扑结构图

3. 规划与配置设备 IP 地址

（1）IP 地址规划

由网络拓扑结构图可知，管理部、人事部和技术部分属三个不同网段，为了实现同一部门主机之间能直接通信，不同部门主机之间也能通信的目的，需要为三层交换机上用于连接不同部门的端口和各部门内部的主机分配 IP 地址，如表 6.1 所示。

表 6.1　IP 地址规划表

设备名称	端口	IP 地址	子网掩码	网关	说明
三层交换机	F0/22	192.168.1.254	255.255.255.0		管理部主机网关
	F0/23	192.168.2.254	255.255.255.0		人事部主机网关
	F0/24	192.168.3.254	255.255.255.0		技术部主机网关
管理部 (192.168.1.0)	PC11	192.168.1.1	255.255.255.0	192.168.1.254	管理部主机
	PC12	192.168.1.2	255.255.255.0	192.168.1.254	管理部主机
	…	…	…	…	…
人事部 (192.168.2.0)	PC21	192.168.2.1	255.255.255.0	192.168.2.254	人事部主机
	PC22	192.168.2.2	255.255.255.0	192.168.2.254	人事部主机
	…	…	…	…	…
技术部 (192.168.3.0)	PC31	192.168.3.1	255.255.255.0	192.168.3.254	技术部主机
	PC32	192.168.3.2	255.255.255.0	192.168.3.254	技术部主机
	…	…	…	…	…

（2）三层交换机配置

在 Packet Tracer 中，单击三层交换机，打开其配置窗口，选择 CLI 选项卡，如图 6.23 所示。

图 6.23　三层交换机的 CLI 配置界面

在三层交换机的用户模式（Switch>）下，输入如下配置命令，开启三层交换机的路由功能，并将其连接管理部、人事部和技术部的端口设置为路由端口，具体命令如下：

```
Switch>enable                                    !进入特权模式
Switch#configure terminal                        !进入全局模式
Switch(config)#ip routing                        !开启三层交换机路由功能
Switch(config)#interface fastEthernet 0/22       !进入三层交换机 22 号端口
Switch(config-if)#no switchport                  !将 22 号端口转换为路由端口
Switch(config-if)#exit                           !返回到全局模式
Switch(config)#interface fastEthernet 0/23       !进入三层交换机 23 号端口
Switch(config-if)#no switchport                  !将 23 号端口转换为路由端口
Switch(config-if)#exit                           !返回到全局模式
Switch(config)#interface fastEthernet 0/24       !进入三层交换机 24 号端口
Switch(config-if)#no switchport                  !将 24 号端口转换为路由端口
```

单击三层交换机的 Config 选项卡，再单击 FastEthernet0/22 端口，并配置其 IP Address 和 Subnet Mask 对应的地址信息，如图 6.24 所示。按照相同的方法，分别完成端口 FastEthernet0/23 和 FastEthernet0/24 地址信息的配置。

图 6.24　三层交换机的 Config 配置界面

（3）PC 配置

在 Packet Tracer 中，单击 PC11，打开其配置窗口，单击 Desktop 选项卡，再单击 IP Configuration 图标，打开 IP 地址配置界面进行配置，如图 6.25 所示。

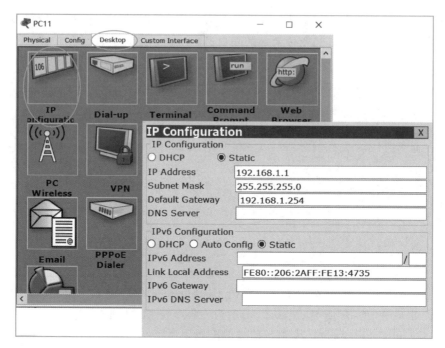

图 6.25　PC 的 IP 地址配置界面

按照如上方法，分别配置其他 PC 的 IP 地址，如图 6.26 所示。

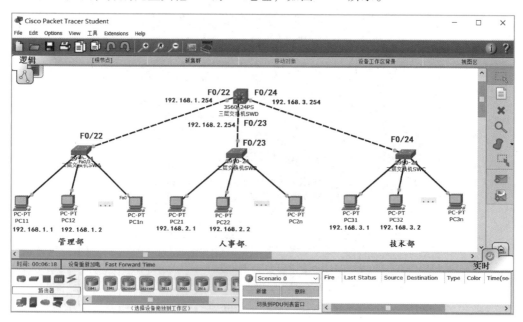

图 6.26　IP 地址信息界面

4. 测试网络连通性

（1）同一部门主机之间的连通性测试

以管理部主机为例，测试 PC11 与 PC12 是否能直接通信。

在 Packet Tracer 中，单击 PC11，打开其配置窗口，单击 Desktop 选项卡，再单击 Command Prompt 图标，打开 PC11 的命令行界面进行测试，如图 6.27 所示。

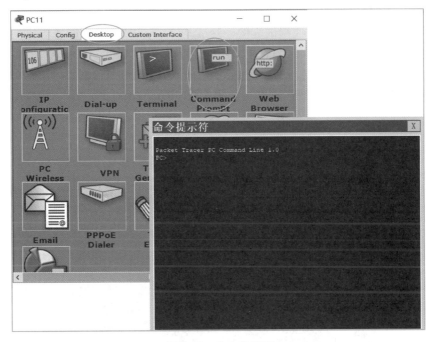

图 6.27　命令行界面

在 PC11 的命令行界面中，输入"ping 192.168.1.2"（192.168.1.2 为 PC12 主机的 IP 地址），按回车键，如图 6.28 所示。

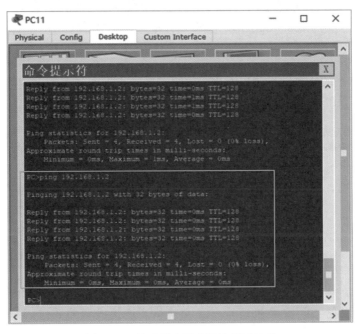

图 6.28　管理部主机连通性测试结果

从上述 ping 命令的执行结果可以看出，管理部主机是可以直接通信的，按照此方法，测试其他部门主机之间的连通性。

（2）不同部门主机之间的连通性测试

以管理部和人事部主机连通性测试为例，测试 PC11 与 PC21 是否能通信。

在 Packet Tracer 中，单击 PC11，打开其配置窗口，单击 Desktop 选项卡，再单击 Command Prompt 图标，打开 PC11 的命令行界面，输入"ping 192.168.2.1"（192.168.2.1 为人事部 PC21 主机的 IP 地址），按回车键，如图 6.29 所示。

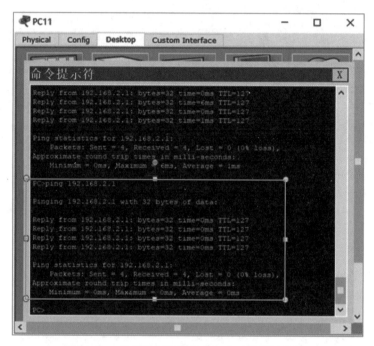

图 6.29　管理部与人事部主机连通性测试结果

从上述 ping 命令的执行结果可以看出，管理部和人事部主机是可以通信的，按照此方法，测试其他不同部门主机之间的连通性。

五、实验拓展

近期，公司准备新组建一个财务部，其网络地址设为"192.168.学号+100.0"，财务部配有两台主机，要求财务部主机之间能直接通信，财务部与其他部门主机也能通信。请对公司网络进行拓展规划，并在 Packet Tracer 中完成相应配置，子网掩码一律使用默认。

六、实验结果

以"学号姓名"作为主文件名，将 Packet Tracer 中的实验结果保存为 PKT 文件，并按要求提交。

七、注意事项

实验过程中，在进行添加设备、选择连接线缆及连接端口等操作时，务必注意确认其正确性，如需要添加的是二层交换机还是三层交换机，连接线缆需要选用直通线还是交叉线，端口需要连接的是哪个，等等。

实验 7 欧几里得算法设计与实现

一、实验目的

(1) 理解求解最大公约数的欧几里得算法。

(2) 学会用 Dev-C++实现欧几里得算法。

(3) 熟悉 Dev-C++开发环境。

(4) 培养学生计算机思维以及用计算机解决问题的能力。

二、实验内容

1. 实验背景

两个整数能够整除的最大整数称为这两个整数的最大公约数,例如 24 和 60 的最大公约数是 12。给定两个正整数 m 和 n,它们的最大公约数用 $\gcd(m, n)$ 表示,例如 $\gcd(24, 60) = 12$。公元前 300 年左右,欧几里得在其《几何原本》中阐述了求两个整数的最大公约数的过程,这个过程就是著名的欧几里得算法。

2. 欧几里得算法过程

(1) 求余数,用 m 除以 n 并令 r 为所得的余数,$0 \leqslant r < n$。

(2) 判断余数 r 是否为 0,若 $r=0$,算法结束,n 即为答案。

(3) 互换,置换 n 为 m,r 为 n,并返回步骤(1)。

三、算法原理

欧几里得算法又称辗转相除法,利用的计算公式为:

$$\gcd(m, n) = \gcd(n, r), r = m \% n \tag{7-1}$$

公式 (7-1) 的证明如下:

因为根据除法的定义可以证明:如果 d 能整除 m 和 n,则 d 一定能整除 $m+n$ 及 $m-n$;如果 d 能整除 m,那么 d 也能整除 m 的任何倍数 km。所以对于任意一对正整数 m 和 n,若 d 能整除 m 和 n,那么 d 一定能整除 n 和 $r = m\%n = m-qn$(其中 q 是一个整数),显然若 d 能整除 n 和 r,也一定能整除 $m = r+qn$ 和 n。所以数对 (m, n) 和 (n, r) 具有相同的公约数有限非空集,其中也包括了最大公约数,所以 $\gcd(m, n) = \gcd(n, r)$。

例如,根据公式(7-1)辗转除法求解 60 和 24 的最大公约数过程为:$\gcd(60, 24) = \gcd(24, 12) = \gcd(12, 0) = 12$。

四、欧几里得算法的伪代码描述

描述算法的方式多种多样,伪代码便是其中之一。所谓伪代码就是将自然语言(中文或英文等)和编程语言相结合的一种算法描述语言。伪代码既是算法的说明书,又是实际编程时的程序大纲。欧几里得算法伪代码描述如下:

```
gcd(m,n)          //使用欧几里得算法计算整数 m 和 n 的最大公约数
  r←m%n           //计算 n 除以 m 的余数 r
  while r≠0 do    //判断余数 r 是否为 0
```

```
    m←n            //把 m 置换为 n
    n←r            //把 n 置换为 r
    r←m% n         //计算 n% m 的余数 r
  return n;        //若 r 为 0,上述 while 循环结束,得到结果 n
```

欧几里得算法的 C 代码描述如下:

```c
#include <stdio.h>
int gcd(int m, int n) {
    int r = m % n;
    while (r != 0) {
        m = n;
        n = r;
        r = m % n;
    }
    return n;
}
int main() {
    int m, n;
    scanf("% d% d", &m, &n);      //读入两个整数 m 和 n
    printf("% d", gcd(m, n));     //输出 m 和 n 的最大公约数
    return 0;
}
```

五、实验步骤

首先,简要介绍在 Dev-C++编程环境下运行欧几里得算法的操作。

(1)建立自己的文件夹。在磁盘上新建一个文件夹,用于存放编写算法的 C 语言程序,如 E:\C_Algcode。

(2)启动 Dev-C++。双击桌面快捷图标进入 Dev-C++编程窗口,如图 7.1 所示。

图 7.1 Dev-C++窗口

（3）新建文件。执行"文件"→"新建"命令，选择"源代码"，即可新建文件，并显示源程序编辑窗口，如图 7.2 所示。

图 7.2　源程序编辑窗口

（4）编辑和保存。在编辑窗口中输入源程序，如图 7.3 所示，然后执行"文件"→"保存"命令，先在"文件名"框中输入 GCD，在"保存类型"中选择 C++ source files，把 C 语言源程序文件命名为 GCD.cpp，然后选择已经建立的文件夹，如 E:\C_Algcode，单击"保存"按钮，如图 7.4 所示。

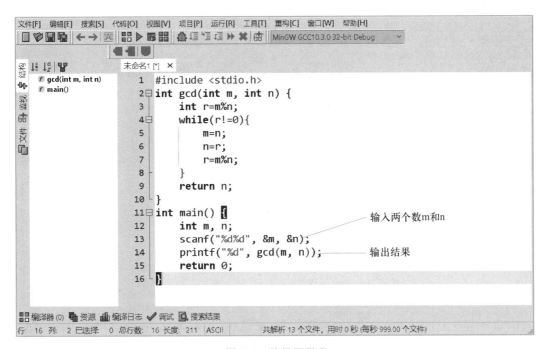

图 7.3　编辑源程序

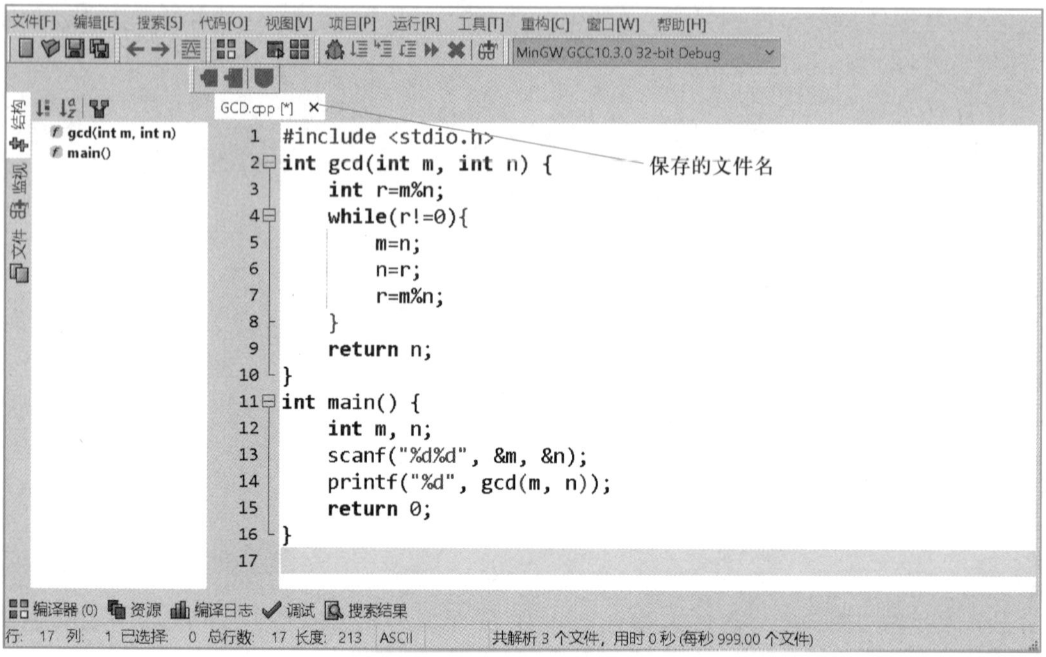

图 7.4　保存源程序

（5）编译。执行"运行"→"编译"命令或按快捷键 F9，如图 7.5 所示，可以一次性完成程序的编译和连接过程，并在信息窗口中显示信息，如图 7.6 所示。图 7.6 所示的信息窗口没有出现错误或警告信息，表示编译通过。注意，如果显示有错误信息，说明程序中存在错误，必须改正；有时还会显示警告信息，通常也应该改正。

图 7.5　编译源程序

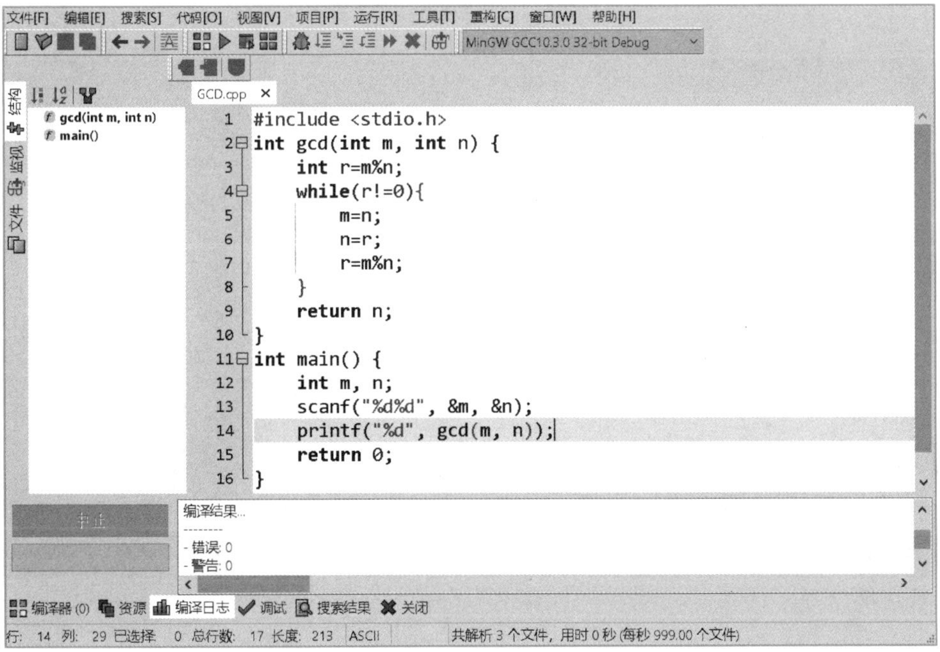

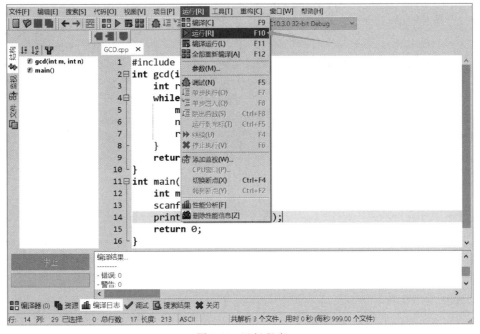

图 7.6　编译正确

（6）运行。执行"运行"→"运行"命令或按快捷键 F10（见图 7.7），自动弹出运行窗口（见图 7.8），在运行窗口中输入 60　24 然后按 Enter 键，会出现结果 12，如图 7.9 所示。可以按任意键退出运行窗口，也可以单击运行窗口右上角的关闭按钮（×）退出运行窗口，返回到 Dev-C++编辑窗口。

图 7.7　运行程序

图 7.8　运行窗口

图 7.9　运行结果

（7）关闭程序。执行"文件"→"关闭"命令，如图 7.10 所示。

（8）打开文件。如果要再次打开 C 语言源程序，可执行"文件"→"打开项目或文件"命令，在文件夹 E：\C_Algcode 中选择文件 GCD.cpp，打开即可；或者在文件夹 E：\C_Algcode 中，直接双击文件 GCD.cpp，也可打开该程序文件。

（9）查看编写的欧几里得算法程序和可执行文件的存放位置。经过编辑、编译和运行后，在文件夹 E：\C_Algcode（见图 7.11）中存放着相关文件，即源程序 GCD.cpp 和可执行文件 GCD.exe.

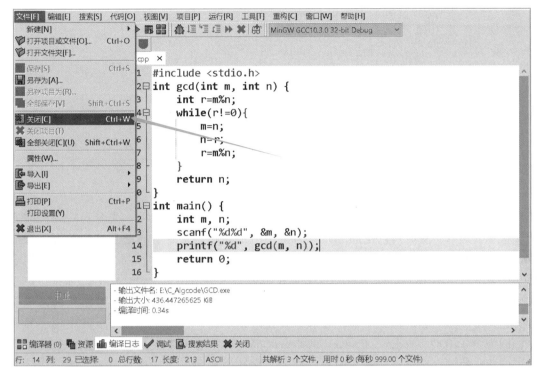

图 7.10　关闭程序

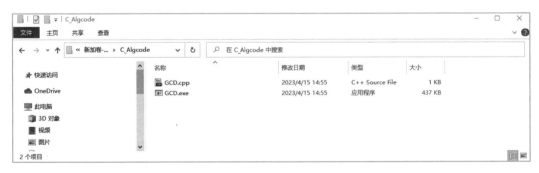

图 7.11　文件夹 E:\C_Algcode

六、实验拓展

按照步骤（8），打开源文件 GCD.cpp。运行程序，输入 567855　255，查看运行结果；再次运行程序，输入 123456　234，查看运行结果。

计算两个数的最大公约数的方法不止欧几里得算法一种，请读者思考还可以用什么方法求两个数的最大公约数。

实验 8 递归算法设计与实现

一、实验目的

（1）了解递归蕴含的计算思维思想。

（2）理解递归的定义。

（3）熟练掌握欧几里得算法的递归实现。

（4）培养学生计算思维以及用计算机解决问题的能力。

二、实验内容

在利用计算机解决问题的思维过程中，很重要的一种是自顶向下、先全局后局部的逆向思维，被称为递归。有时可以把问题归约为更小的子问题，直到子问题足够简单可以直接解决。例如在实验中求两个正整数 m 和 n 的最大公约数的问题，其中 $m>n$，就可以归约到求一对更小的整数（即 n 和 $m\%n$）的最大公约数的问题，因为 $gcd(m, n) = gcd(n, m\%n)$。当可以实现这样的归约时，就可以用一系列归约来推导，直到把问题归约到解是已知的某个初始情形为止，求出原问题的解。例如，对求最大公因子来说，归约持续到两个数中较小的一个为零，因为当 $a>0$ 时，$gcd(a, 0) = a$。例如 $gcd(60, 24) = gcd(24, 12) = gcd(12, 0) = 12$。连续地把问题归约到含有更小的输入的相同问题，这样的算法可用来解决很大一类问题。若一个算法通过把问题归约到含有更小输入的相同问题的实例，来解决原来的问题，则称这个算法为递归算法。

示例 1：求两个数的最大公约数

解：求两个正整数 m 和 n 的最大公约数可以基于归约：

```
gcd(m,0)=0;
gcd(m,n)=gcd(n,m% n)。
```

欧几里得算法的递归算法伪代码如下：

```
EuclidRecur(m,n)                //用递归求两个数的最大公约数算法
    if n= =0 return m
    else return EuclidRecur(n,m% n)
```

前面已经介绍了 Dev-C++编程环境及其使用，这里简单说明本实例的操作步骤。

（1）启动 Dev-C++。

（2）新建文件。执行"文件"→"新建"命令，选择"源代码"，新建文件，并显示源程序编辑区域。

（3）编辑和保存。在编辑窗口中输入源程序，然后执行"文件"→"保存"命令，先在"文件名"框中输入 gcdRecur，在"保存类型"中选择 C++ source files，把 C 语言源程序文件命名为 gcdRecur.cpp；然后选择已经建立的文件夹，如 E:\C_Algcode，单击"保存"按钮，

如图 8.1 所示。

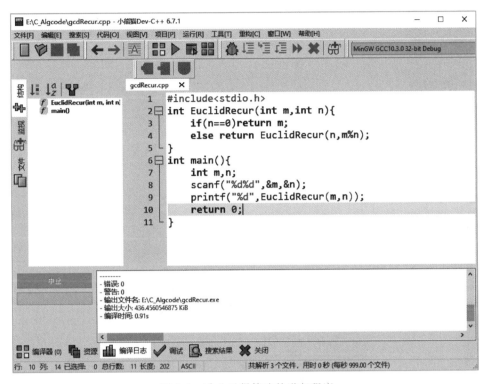

图 8.1 欧几里得算法的递归程序

（4）编译。执行"运行"→"编译"命令或按快捷键 F9，若信息窗口没有出现错误或警告信息，表示编译通过。

（5）运行。执行"运行"→"运行"命令或按快捷键 F10，自动弹出运行窗口，在运行窗口中输入 640 240 后按 Enter 键，会出现结果 120，如图 8.2 所示。可以按任意键退出运行窗口，返回到 Dev - C++编辑窗口。

图 8.2 欧几里得递归算法的
运行结果（m = 600，n = 240）

示例 2：求 a 的 n 次幂

要求给出计算 a^n 的递归算法，其中 a 是非零实数而 n 是非负整数。

解：递归算法基于递归定义：

$$a^0 = 1;$$
$$a^n = a * a^{n-1}$$

连续地用这个递归定义来缩小指数，直到指数是零为止。

计算 a 的 n 次幂递归算法伪代码描述：

```
power(a,n)                    //计算 a 的 n 次幂算法
    if n==0 return 1
    else return a*power(a,n-1)
```

类似示例 1 的实验方法，操作步骤如下：

（1）新建文件。

（2）编辑和保存。在编辑窗口中输入源程序（如图 8.3 所示），然后执行"文件"→"保存"命令，先在"文件名"框中输入 a_n，在"保存类型"中选择 C++ source files，把 C 语言源程序文件命名为 a_n.cpp；然后选择已经建立的文件夹，如 E:\C_Algcode，单击"保存"按钮。

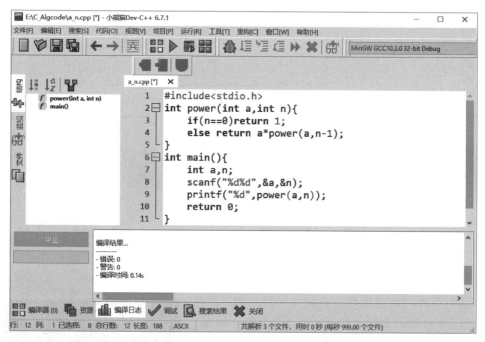

图 8.3　求 a 的 n 次幂的递归算法源代码

（3）编译。执行"运行"→"编译"命令或按快捷键 F9，信息窗口没有出现错误或警告信息，表示编译通过。

（4）运行。执行"运行"→"运行"命令或按快捷键 F10，自动弹出运行窗口，在运行窗口中输入 2　10 后按 Enter 键，会出现结果 1024（如图 8.4 所示）。可以按任意键退出运行窗口，返回到 Dev-C++编辑窗口。

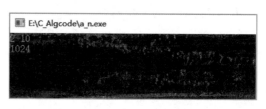

图 8.4　求 a 的 n 次幂的递归算法程序运行结果

示例 3：爬梯子问题

假设每一步可以爬一格或者两格梯子，爬一部 22 格的梯子一共有多少种方法？例如，爬

一部三格的梯子有三种不同的方法：1-1-1、1-2 和 2-1。

解： 一般想法是从 $n=1$、2、3 这几个特例来递推出一般性的规律，即找出梯子的格数 n 和爬梯子数量 $F(n)$ 之间的递推公式，然后把 22 代入公式求解。遗憾的是沿着这样的思路几乎没有办法成功，这个以 n 为变量的函数虽然存在，但是形式如下：

$$F(n) = \frac{1}{\sqrt{5}}\left[\left(\frac{1+\sqrt{5}}{2}\right)^{n+1} - \left(\frac{1-\sqrt{5}}{2}\right)^{n+1}\right]$$

这个公式显然不容易用数学归纳法总结出来。但是倒过来想这个问题，采用递归的技巧，假定爬到 22 格有 $F(22)$ 种不同的方法，到 22 这一格，前一步只有两种可能情况，即从 20 格爬到 22（20+2=22），或者从 21 格直接爬到 22。由于两种情况完全没有重合，因此爬到 22 格的种数，其实就是爬到 21 格的方法数加上爬到 20 格的方法数，即 $F(22)=F(20)+F(21)$，与此类似，$F(20)=F(18)+F(19)$。这些就是递推公式，它的一般形式是：

```
F(n)=F(n-1)+F(n-2)
```

最后还需要有结束条件，$F(1)=1$，$F(2)=2$，就可以知道 $F(3)$，然后再倒推回去，一直到 $F(22)$，算出结果为 28 657 种方法。上面的这个序列事实上就是著名的斐波那契数列。

综上所述，爬梯子问题可以归约为：

```
F(1)=1,F(2)=2
F(n)=F(n-1)+F(n-2)
```

递归算法源程序如图 8.5 所示，当 n 为 22 时的运行结果如图 8.6 所示。

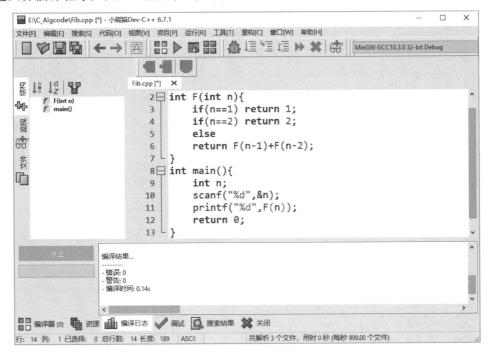

图 8.5　斐波那契数列的递归源程序

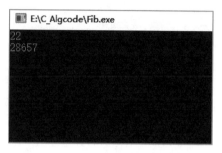

图 8.6   当 $n=22$ 时的运行结果

　　递归法通常用来解决"结构自相似"的问题。所谓结构自相似，是指构成原问题的子问题与原问题在结构上相似，可以用类似的方法解决。也就是说，整个问题的解决可以分为两部分：第一部分是一些特殊情况，有直接的解法；第二部分与原问题相似，但比原问题的规模小。实际上，递归就是把一个不能或不好解决的大问题转化为一个或几个小问题，再把这些小问题进一步分解成更小的小问题，直至每个小问题都能得到解决。

　　三、实验拓展

　　示例 3 中如果是一部 26 格的梯子，那么爬梯子的方法数是多少？如果是一部 50 格的梯子，那么爬梯子的方法数又是多少？请运行程序查看结果。

实验 9　分治算法设计与实现

一、实验目的
(1) 了解分治策略。
(2) 理解分治方法的定义。
(3) 熟练掌握合并排序算法的设计与实现。
(4) 培养学生的计算思维能力以及用计算机解决问题的能力。

二、实验内容

分治算法是计算机科学中最漂亮的工具之一。分治是把一个大的问题，分成若干简单的相同类型的子问题进行解决，然后，对子问题的结果进行合并，得到原问题的解，这种求解问题的方法也称为分治法。Google 分布式计算框架中最重要的 MapReduce 工具，其根本原理就是分治算法的应用。如果原问题（规模为 n）可分割成 b 个子问题，$1 < b \leqslant n$，且这些子问题都可解并可利用这些子问题的解求出原问题的解，那么分治法就是可行的。由分治法产生的子问题往往是原问题的较小模式，这就为使用递归技术提供了方便。在这种情况下，反复应用分治手段，可以使子问题与原问题类型一致而其规模却不断缩小，最终使子问题缩小到很容易直接求出其解。具体的分治策略是：对于一个规模为 n 的问题，若该问题可以容易地解决（如 n 较小）则直接解决；否则将其分解为 b 个规模较小的子问题，这些子问题互相独立且与原问题形式相同，递归地解这些子问题，然后将各子问题的解合并得到原问题的解。

示例 1：求 n 个数字的和

可采用分治法求解 n 个数字的和。

解： 如果 $n > 1$，可以把该问题分解为它的两个实例：计算前 $\lfloor n/2 \rfloor$ 个数字的和以及计算后 $\lfloor n/2 \rfloor$ 个数字的和。当然，若 $n = 1$，就返回这个数作为问题的答案。通过递归应用上述方法计算出两个和数，就可以把这两个和数相加得到原始问题的解。也可以用下面的伪代码来说明如下：

```
算法 sum(A[0..n-1])
    //递归调用 sum 来对数组 A[0..n-1]的 n 个元素求和
    //输入:数组 A[0..n-1];输出:A[0..n-1]的和
    if(n==1) return A[0];
    if(n>1)
        copy A[0..⌊n/2⌋-1]to B[0..⌊n/2⌋-1]        //把 A 的前一半复制到 B;
        copy A[⌊n/2⌋..n-1]to C[0..⌈n/2⌉-1]        //把 A 的后一半复制到 C;
        return sum(B[0..⌊n/2⌋-1])+ sum(C[0..⌈n/2⌉-1])
```

下面简要介绍实验操作步骤。
(1) 启动 Dev-C++。
(2) 新建文件。

（3）编辑和保存。在编辑窗口中输入源程序，如图 9.1 所示，然后执行"文件"→"保存"命令，文件命名为 sum.cpp，保存到 E:\C_Algcode 中。

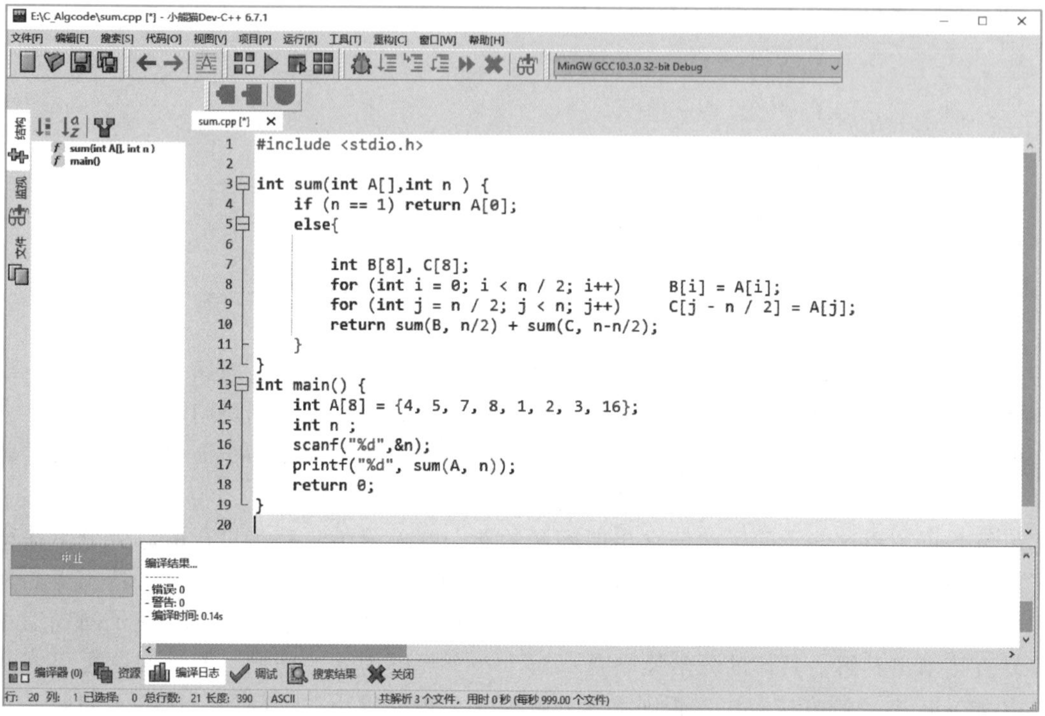

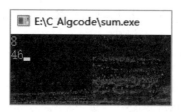

图 9.1　分治法求 n 个数的和的程序

（4）编译。按快捷键 F9，若信息窗口没有出现错误或警告信息，表示编译通过。

（5）运行。按快捷键 F10，自动弹出运行窗口，在运行窗口中输入 8 后按 Enter 键，会出现结果 46，如图 9.2 所示。

图 9.2　分治法求数组 A 和的运行结果（n=8）

示例 2：合并排序

以对数组 A [0..n-1] 进行合并排序为例进行介绍。

合并排序是分治法的一个非常典型的应用。求解方法类似示例 1，示例 1 中合并两个子问题的解直接求和即可。合并排序基于合并这个简单的操作，将两个有序的子数组合并成一个更大的有序数组。图 9.3 给出了一个合并操作的示意图。

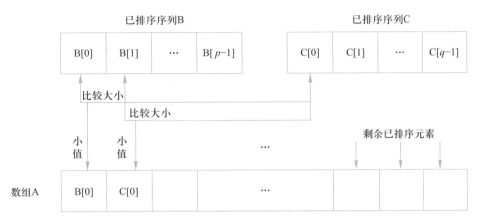

图 9.3　合并操作示意图

解：合并操作的算法思想如图 9.3 所示。初始状态下，两个指针（数组下标）分别指向两个待合并数组的第一个元素，然后比较这两个元素的大小，将较小的元素添加到一个新创建的数组中，接着被复制数组中的指针后移，指向该较小元素的后继元素，上述操作一直持续到两个数组中的一个被处理完为止，然后将未处理完的数组中剩下的元素复制到新数组的尾部。合并算法伪代码如下所示。

```
算法 Merge(B[0..p-1],C[0..q-1]) into A[0..p+q-1])
    //将两个有序数组合并成一个有序数组
    //输入:两个有序数组 B[0..p-1]和 C[0..q-1]
    //输出:有序数组 A[0..p+q-1]
i←0; j←0; k←0;
while (i<p and j<q do)
    if (B[i] ≤ C[j])
        A[k]←B[i];i←i+1;
    else
        A[k]←C[j];j←j+1;
    k←k+1;
if (i =p)
    copy C[j..q-1] to A[k..p+q-1]
else
    copy B[j..p-1] to A[k..p+q-1]
```

从上述方法可以用分治策略对数组 A [0..n-1] 进行排序。可以先递归地将它分成两半，分别排序，然后将结果合并起来。合并排序算法的伪代码如下：

```
算法 Mergesort(A[0..n-1])
    //递归调用 Mergesort 来对数组 A 排序
    //输入:非排序数组 A[0..n-1]
    //输出:排序数组 A[0..n-1]
```

```
if (n>1)
    copy A[0..⌊n/2⌋-1] to B[0..⌊n/2⌋-1];        //将数组 A 的前一半复制给数组 B
    copy A[⌊n/2⌋..n-1] to C[0..⌈n/2⌉-1];        //将数组 A 的后一半复制给数组 C
    Mergesort(B[0..⌊n/2⌋-1]);                   //合并排序数组 B
    Mergesort(C[0..⌈n/2⌉-1]);                   //合并排序数组 C
    Merge(B,C,A);                                //将有序数组 B、C 合并到 A
```

图 9.4 给出了合并排序算法的一个示例，可以看到分治算法分为"分"和"治（合并）"两个阶段。

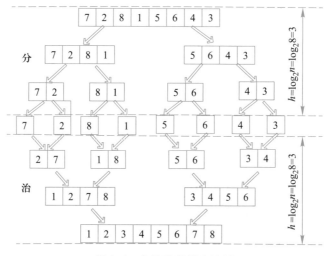

图 9.4　合并排序算法示例

示例 2 的 C 语言源码如下。

```c
#include <stdio.h>
void Merge(int B[], int C[], int A[], int p, int q) {        //把 B 和 C 合并成有序数组 A
    int i = 0, j = 0, k = 0, num1;
    while (i < p && j < q) {
        if (B[i] <= C[j]) {
            A[k] = B[i];
            i = i + 1;
        } else {
            A[k] = C[j];
            j = j + 1;
        }
        k = k + 1;
    }
    if (i == p) {
        for (num1 = j; num1 <= q - 1; num1++) {
```

```
        A[k + num1 - j] = C[num1];          //复制组中 C 中剩余已排序的元素至数组 A
    }
  } else {
      for (num1 = i; num1 <= p - 1; num1++) {
          A[k + num1 - i] = B[num1];        //复制数组 B 中剩余已排序的元素至数组 A
      }
  }
}
/* 对数组 A 进行合并排序 */
void Mergesort(int A[], int n) {
    if (n > 1) {
        int B[100], C[100];
        for (int i = 0; i < n /2; i++) {    //把 A 的前一半复制给数组 B
            B[i] = A[i];
        }
        for (int j = n /2; j < n ; j++) {   //把 A 的后一半复制给数组 C
            C[j - n /2] = A[j];
        }
        Mergesort(B, n /2);                 //对数组 B 进行合并排序
        Mergesort(C, n - n /2);             //对数组 C 进行合并排序
        Merge(B, C, A, n /2, n - n /2);     //调用合并算法,将 B 和 C 合并成有序数组 A
    }
}
int main() {
    int a[100], n;
    scanf("% d", &n);
    for (int i = 0; i < n; i++) {           //输入待排序的数组 a 的数据
        scanf("% d", &a[i]);
    }
    Mergesort(a, n);
    for (int i = 0; i < n; i++) {           //输出排序好的结果
        printf("% d ", a[i]);
    }
    return 0;
}
```

示例 2 的操作步骤简要叙述如下。

（1）新建文件。

（2）编辑和保存。保存文件名为 Mergesort. cpp，保存到 E：\C_Algcode。

（3）编译。

（4）运行。执行"运行"→"运行"命令或按快捷键 F10，自动弹出运行窗口，在运行

窗口第一行输入 8，第二行输入 7　2　8　1　5　6　4　3，按 Enter 键，在第三行中会出现结果：1　2　3　4　5　6　7　8，如图 9.5 所示。

图 9.5　合并排序运行结果（$n=8$ 时）

三、实验拓展

Tromino 谜题：在一个 $2^k \times 2^k$（$k \geq 0$）方格组成的棋盘中，恰有一个方格与其他方格不同，称该方格为特殊方格，如图 9.6（a）所示。Tromino 谜题问题要求用如图 9.6（b）所示的 L 形骨牌覆盖给定棋盘上除特殊方格以外的所有方格，且骨牌之间不得有重叠。

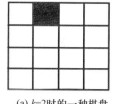

(a) $k=2$ 时的一种棋盘

(b) 4 种不同形状的 L 形骨牌

图 9.6　$k=2$ 时的一种棋盘和可填充的 L 形骨牌

如果棋盘比较小，可以用"蛮力"的方法试出覆盖方法。如图 9.6（a）所示的棋盘可覆盖的一种方法如图 9.7 所示。

但是如果棋盘比较大，用蛮力法花费的时间会很长，请思考用分治策略如何覆盖如图 9.8 所示的棋盘，并用蛮力法尝试，看需要多少时间完成。

提示：可以先覆盖最中间的那个骨牌，如图 9.9 所示。这样把原棋盘分割成四个带特殊方格的小棋盘，再完成这四个小棋盘的覆盖，以此类推。

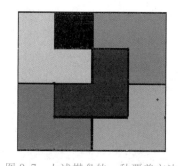

图 9.7　上述棋盘的一种覆盖方法

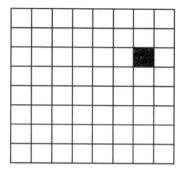

图 9.8　$k=3$ 时的一种棋盘

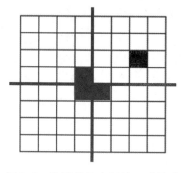

图 9.9　先覆盖最中间的 L 形骨牌

实验 10   线性回归

一、实验目的

（1）了解机器学习的监督学习方法。

（2）理解回归和分类的区别。

（3）学会用线性回归方法进行预测。

（4）培养学生对数据驱动的机器学习方法的应用和解决现实问题的能力。

二、实验内容

1. 实验背景

简单房屋销售数据集包含三列数据："面积""房间数"和"价格"，其中，"面积"和"房间数"可以视为特征，价格可以视为标签。拟构建线性函数逼近器，来表示标签"价格"与特征"面积"和"房间数"之间的关系。将数据集划分为训练数据集和测试数据集，采用训练数据集对该模型进行训练，利用测试数据集对模型进行评估。当给定新样本时，要求能利用该模型给出预测结果。

2. 具体内容

（1）熟悉 Anaconda 环境。

（2）熟练利用 Jupyter Notebook 进行程序编写以及调试。

（3）掌握机器学习工具包 sklearn 的使用。

（4）掌握数据集的划分、线性模型的训练和评估方法。

三、技术原理

线性回归（linear regression）是一种监督学习方法，主要用于预测连续的实数值。例如预测某地房价、预测明天的股价、预测空气的 PM 2.5 数值等，都可以看作回归问题。在概念上，线性回归可以看作用特征（属性）的线性组合来进行预测的线性模型，其目标是找到一条直线或者一个线性的平面或者更高维的超平面，使得预测值与真实值之间的误差最小化。如图 10.1 中，圆点（Sample）为真实的样本点，而斜线（Regression）则是通过线性函数近似方法来对这些样本点进行拟合。从图 10.1 可以看出，尽管很多样本点的预测值（该点的 x 坐标带入斜线的线性函数中获得的 y）与真实值（该样本点的 y 坐标值）具有较大的误差，但是在采用简单线性函数近似器的情况下，图 10.1 已经能使得所有样本的总误差尽可能小，因为线性函数尽可能均匀地穿越了所有样本点。

线性回归的假设函数可以表示为：

$$h(x) = w_0 + w_1 x_1 + \cdots + w_n x_n \tag{10-1}$$

其中，x_1，x_2，$\cdots$，x_n 表示特征，令 $x_0 = 1$，可以得到 $x^{\mathrm{T}} = [x_0, x_1, \cdots, x_n]$，$w_1$，$w_2$，$\cdots$，$w_n$ 表示各特征对应的权重，对于第 i 个样本，其损失函数 $l(x^{(i)})$ 设置为：

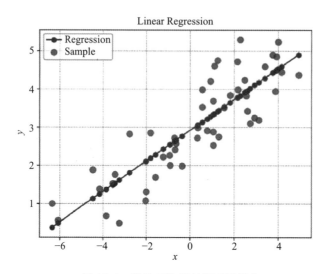

图 10.1　线性函数近似模型可视化

$$l(x^{(i)}) = \frac{1}{2}(h(x^{(i)}) - y^{(i)})^2 \tag{10-2}$$

此时，参数向量可以通过最小化所有样本的总损失函数 $J(w)$ 即公式（10-3），从而求得参数向量 $w_0, w_1, w_2, \cdots, w_n$ 的值，其中 w_0 是偏置项 x_0 的权重，且 $w^{\mathrm{T}} = [w_0, w_1, w_2, \cdots, w_n]$。

$$J(w) = \frac{1}{2m} \sum_{i=1}^{m} (h(x^{(i)}) - y^{(i)})^2 \tag{10-3}$$

四、模型框架

线性回归模型遵循机器学习基本框架，将数据集划分为训练集和测试集，从训练数据中选择特征，构建线性回归机器学习模型，利用训练数据来训练线性函数逼近器，将测试集输入线性回归模型，得到预测结果，如图 10.2 所示。

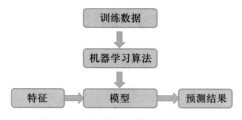

图 10.2　机器学习模型基本框架

五、实验步骤

1. 认识 Jupyter Notebook 编辑器

（1）Anaconda 安装

登录 Anaconda 官网（网址可自行搜索获取），进入后根据操作系统版本选择合适的安装文件，可以通过单击 Download 按钮来下载安装软件，如图 10.3 所示。

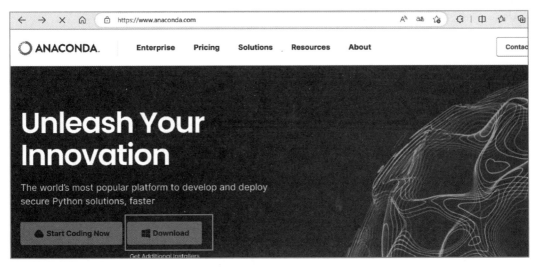

图 10.3 Anaconda 下载界面

当安装文件下载完后，就可以双击安装包（见图 10.4）进行安装。

图 10.4 Anaconda 安装文件示意

双击后，出现如图 10.5 所示的对话框，单击"运行"按钮。

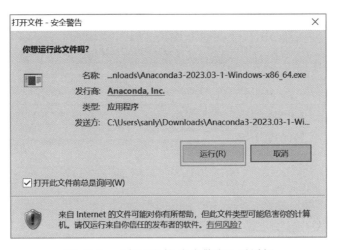

图 10.5 "打开文件-安全警告"对话框

出现安装欢迎界面后，单击 Next 按钮，如图 10.6 所示。

在许可认证界面，单击 I Agree 按钮，如图 10.7 所示。

在打开的对话框中，选中 Just Me 单选按钮，单击 Next 按钮，如图 10.8 所示。

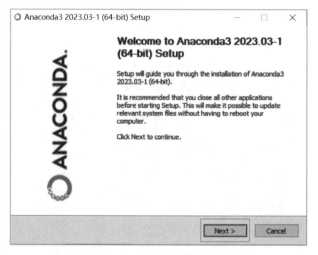

图 10.6　Anaconda 安装欢迎界面

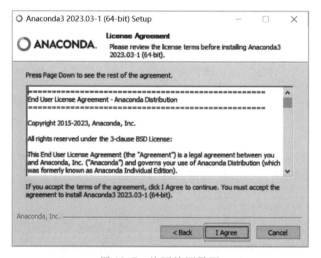

图 10.7　许可认证界面

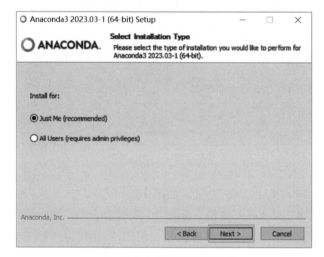

图 10.8　选择安装类型

在如图 10.9 所示的对话框中，设置安装路径，如果不改变则是默认路径 C：\ Users \ 用户名 \ anaconda，单击 Next 按钮。

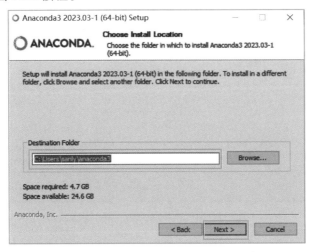

图 10.9　选择安装路径

在如图 10.10 所示的对话框中，选中 Register Anaconda3 as my default Python 3.10 复选框，单击 Install 按钮。

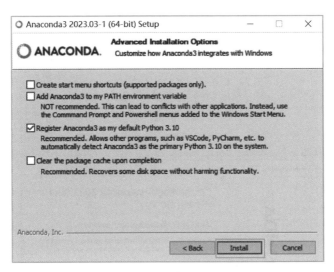

图 10.10　高级设置

当安装完成后，在如图 10.11 所示的安装过程界面，单击 Next 按钮。

当安装完成后，单击 Next 按钮，再单击 Finish 按钮，如图 10.12 所示。

074 · 大学计算机实践教程

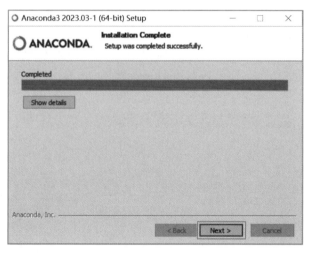

图 10.11　安装过程界面

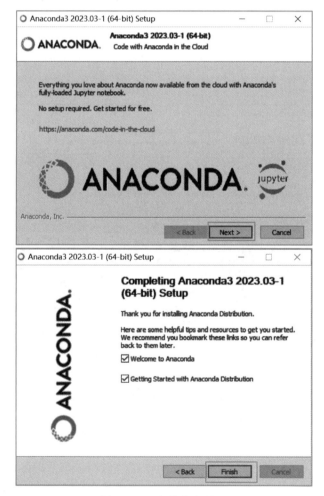

图 10.12　安装完成界面

（2）环境变量的设置

① 右击"此电脑"，在弹出的快捷菜单中选择"属性"，单击左侧"高级系统设置"，如图 10.13 所示，打开"系统属性"对话框。

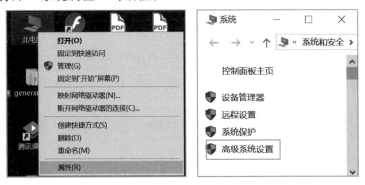

图 10.13 高级系统设置界面

② 在"系统属性"对话框中（见图 10.14），单击"环境变量"按钮，进入图 10.15 所示的环境变量设置界面。

图 10.14 "系统属性"对话框

③ 选择系统变量中的变量 Path，并单击"编辑"按钮，进入如图 10.16 所示的编辑环境变量界面。

④ 根据安装路径设置 Anaconda 的 Path 路径，如图 10.16 中的矩形框所示。如采用默认安装方式，只需要将这里的用户名 sanly 替代为用户名即可。

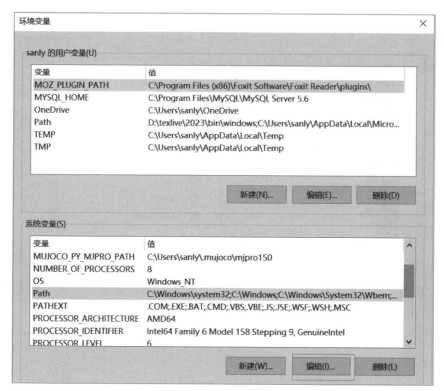

图 10.15 环境变量设置界面

图 10.16 编辑环境变量界面

（3）检验 Anaconda 环境变量是否配置成功

① 打开命令行窗口。

② 输入 conda --version，按 Enter 键，会输出版本号 conda 22.9.0，如图 10.17 所示。

图 10.17　Conda 版本查看

③ 输入 activate，按 Enter 键，之后再输入 python，按 Enter 键，进入 Python 环境界面，如图 10.18 所示。

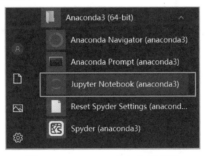

图 10.18　Python 环境界面

（4）使用 Jupyter Notebook 编辑源代码

在"开始"菜单中，找到 Anaconda3（64-bit），如图 10.19 所示，单击下面的 Jupyter Notebook（anaconda3）进入编辑器。

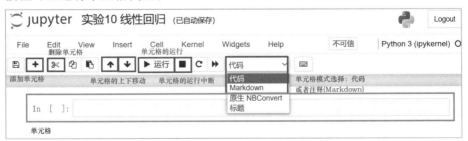

图 10.19　Anaconda3 的子菜单

进入 Jupyter Notebook 编辑器界面，如图 10.20 所示，单击"+"可以新建单元格，单击"运行"按钮可以运行单元格代码。

图 10.20　Jupyter Notebook 编辑界面

2. 读取数据

在图 10.20 的"In [ ]"右边的单元格中,输入如下代码:

```
#引入 pandas 库,并给其一个别名 pd
import pandas as pd
#初始化路径
path='data/regress_data2.csv'
#通过 pd 的 read_csv 方法读取数据框并保存在 data2 中
data2=pd.read_csv(path)
#显示 data2 的前 5 行数据
data2.head()
```

代码运行后的界面如图 10.21 所示。

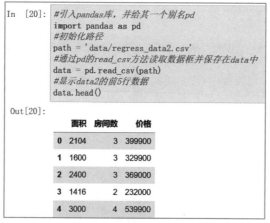

图 10.21　前 5 行数据显示界面

对数据特征进行标准化操作,即计算(数据-均值)/标准差,使得数据特征的值落在 [-1,1]区间,代码如下所示:

```
#对数据特征进行标准化操作
data.iloc[:,:2]=(data.iloc[:,:2]-data.iloc[:,:2].mean())/data.iloc[:,:2].std()
data.head()
```

代码运行结果如图 10.22 所示。

In [21]: #对数据特征进行标准化操作
data.iloc[:,:2]=(data.iloc[:,:2]-data.iloc[:,:2].mean())/data.iloc[:,:2].std()
data.head()

Out[21]:

	面积	房间数	价格
0	0.130010	-0.223675	399900
1	-0.504190	-0.223675	329900
2	0.502476	-0.223675	369000
3	-0.735723	-1.537767	232000
4	1.257476	1.090417	539900

图 10.22　标准化后的前 5 行数据显示界面

3. 获取特征和标签

将特征存储在 X 中, 将标签存储在 y 中, 代码如下:

```
#准备偏置项特征,即值为 1 的列向量
data.insert(0,'Ones',1)
#用 X 保存特征
cols=data.shape[1]
X=data.iloc[:,0:cols-1]
#用 y 保存价格标签
y= data.iloc[:,cols-1]
X.head(),y.head()
```

代码运行结果如图 10.23 所示。

```
In  [22]:  # 准备偏置项特征,即值为1的列向量
           data.insert(0, 'Ones', 1)
           #用X保存特征
           cols = data.shape[1]
           X = data.iloc[:,0:cols-1]
           #用y保存价格标签
           y = data.iloc[:,cols-1]
           X.head(),y.head()

Out[22]:  (   Ones      面积       房间数
           0     1   0.130010 -0.223675
           1     1  -0.504190 -0.223675
           2     1   0.502476 -0.223675
           3     1  -0.735723 -1.537767
           4     1   1.257476  1.090417,
           0   399900
           1   329900
           2   369000
           3   232000
           4   539900
           Name: 价格, dtype: int64)
```

图 10.23 分离数据的特征和标签

4. 将 X 和 y 转换为数组, 并初始化权重向量 w

将数据框 X 和 y 转换为数组, 并初始化权重向量 w, 代码如下:

```
#导入类库 numpy,取别名 np
import numpy as np
#将特征从数据框转换为数组
X2=X.values
#m 保存样本数量
m=X.shape[0]
#col_num 为特征的数量
col_num=data.shape[1]
#将标签列 y 转换为(样本数量,1)
y=y.values.reshape(m,1)
#初始化权重向量
w2=np.array([0,0,0]).reshape(col_num-1,1)
```

代码运行结果如图 10.24 所示。

```
In [23]:  #导入类库numpy，取别名np
          import numpy as np
          # 将特征从数据框转换为数组
          X =X.values
          #m保存样本数量
          m=X.shape[0]
          #col_num为特征的数量
          col_num=data.shape[1]
          #将标签列y转换为(样本数量,1)
          y = y.values.reshape(m,1)
          #初始化权重向量
          w = np.array([0,0,0]).reshape(col_num-1,1)
          X[:5,:],y[:5,:],w[:5,:]

Out[23]:  (array([[ 1.        ,  0.13000987, -0.22367519],
                  [ 1.        , -0.50418984, -0.22367519],
                  [ 1.        ,  0.50247636, -0.22367519],
                  [ 1.        , -0.73572306, -1.53776691],
                  [ 1.        ,  1.25747602,  1.09041654]]),
           array([[399900],
                  [329900],
                  [369000],
                  [232000],
                  [539900]], dtype=int64),
           array([[0],
                  [0],
                  [0]]))
```

图 10.24　数组 X、y 和 w 的生成

5. 划分训练数据与测试数据

采用函数 train_ test_ split 来划分训练集和测试集，代码如下：

```
#通过类库 sklearn.model_selection 导入函数 train_test_split
from sklearn.model_selection import train_test_split
#通过函数 train_test_split 来划分数据集,训练集的特征和标签分别为 X_train,y_train,测试集的特征和标签分别为 X_test,y_test
X_train,X_test,y_train,y_test=train_test_split(X,y,test_size=0.2,random_state=42)
#查看各数据的维度
X_train.shape,X_test.shape,y_train.shape,y_test.shape
```

代码运行结果如图 10.25 所示。

```
In [25]:  #通过类库sklearn.model_selection导入函数train_test_split
          from sklearn.model_selection import train_test_split
          #通过函数train_test_split来划分数据集,训练集的特征和标签分别为X_train,y_train,测试集的特征和标签分别为X_test,y_test
          X_train,X_test,y_train,y_test=train_test_split(X,y,test_size=0.2,random_state=42)
          #查看各数据的维度
          X_train.shape,X_test.shape,y_train.shape,y_test.shape
Out[25]:  ((37, 3), (10, 3), (37, 1), (10, 1))
```

图 10.25　划分训练集和测试集

6. 实例化线性模型并进行训练

实例化线性模型，再通过训练集对该模型进行训练，代码如下：

```
#从 sklearn 类库中导入 linear_model 类
from sklearn import linear_model
#实例化线性回归模型
reg=linear_model.LinearRegression()
#拟合回归模型
reg.fit(X_train,y_train)
```

代码运行结果如图 10.26 所示。

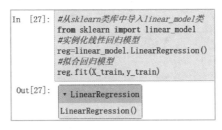

图 10.26　新建线性模型 reg 并对其训练

7. 测试线性模型

采用线性模型的 score 方法来评测试数据（评估方式为 R 方，该值越接近 1，表示回归效果越好），代码如下：

```
#对测试数据进行评估
reg.score(X_test,y_test)
```

代码运行结果如图 10.27 所示。

In [28]: #对测试数据进行评估
reg.score(X_test,y_test)

Out[28]: 0.5148848812741443

图 10.27　测试结果显示

六、实验拓展

Diabetes 是一个关于糖尿病的数据集，该数据集包括 442 个病人的生理数据及一年以后的病情发展情况。在该数据集上进一步采用线性回归建立特征到标签的映射关系，对如何采用线性回归解决现实问题进行深入探索。

该数据集共 442 条信息，特征值总共 10 项，包括：

age：年龄。

sex：性别。

bmi（body mass index）：身体质量指数，是衡量是肥胖还是标准体重的重要指标，理想值为（18.5~23.9），计算方法为：BMI＝体重（单位 kg）÷身高的平方（单位 m）。

bp（blood pressure）：血压（平均血压）。

s1、s2、s3、s4、s5、s6：六种血清的化验数据，是血液中一年后的疾病指数指标。s1：T

细胞（一种白细胞）；s2：低密度脂蛋白；s3：高密度脂蛋白；s4：促甲状腺激素；s5：拉莫三嗪；s6：血糖水平。

数据的读取可以通过下面代码实现：

```
导入 load_diabetes 类
from sklearn.datasets import load_diabetes
#导入糖尿病数据集
diabetes=load_diabetes()
#读取特征数据
X=diabetes["data"]
#读取标签数据
y=diabetes["target"]
X.shape,y.shape
```

代码运行结果如图 10.28 和图 10.29 所示。

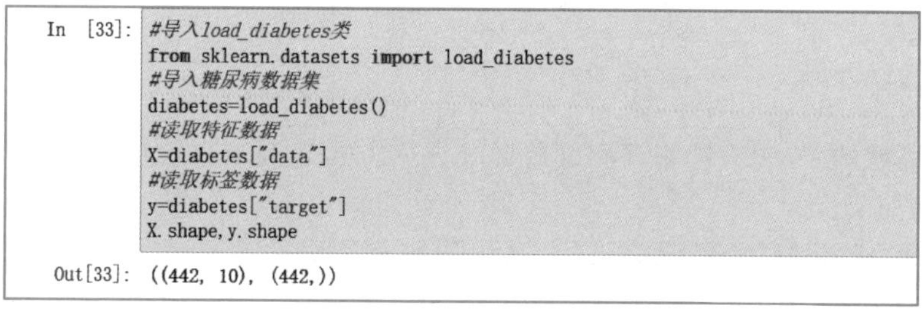

```
In  [33]:  #导入load_diabetes类
           from sklearn.datasets import load_diabetes
           #导入糖尿病数据集
           diabetes=load_diabetes()
           #读取特征数据
           X=diabetes["data"]
           #读取标签数据
           y=diabetes["target"]
           X.shape, y.shape
Out[33]:  ((442, 10), (442,))
```

图 10.28　特征数据 X 和标签数据 y

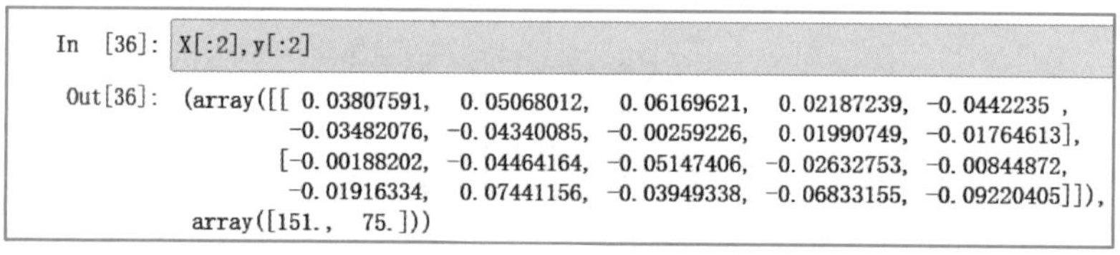

```
In  [36]:  X[:2],y[:2]
Out[36]:  (array([[ 0.03807591,  0.05068012,  0.06169621,  0.02187239, -0.0442235 ,
                   -0.03482076, -0.04340085, -0.00259226,  0.01990749, -0.01764613],
                  [-0.00188202, -0.04464164, -0.05147406, -0.02632753, -0.00844872,
                   -0.01916334,  0.07441156, -0.03949338, -0.06833155, -0.09220405]]),
           array([151.,  75.]))
```

图 10.29　X 和 y 的前两行数据

由于图 10.28 和图 10.29 中数据已是标准化数据，所以只需要初始权重向量，然后按照实验步骤 5 来划分训练数据与测试数据，根据实验步骤 6 实例化线性模型，并利用训练数据对线性模型进行训练；采用测试数据对实验步骤 7 的线性模型进行测试，对模型进行评估。

七、实验结果

以"学号姓名"作为主文件名，将 Jupyter Notebook 的源文件（扩展名为 .ipynb）按要求提交。

八、注意事项

实验过程中，当单元格出现"＊"并持续较长时间没有反应时，可以重启 Jupyter Notebook。

实验 11　管理和使用数据

一、实验目的

（1）明确数据和数据库的基本概念。

（2）理解常用的数据库技术及其基本操作方法。

（3）帮助学生理解数据库对社会和个人的深远影响，使其具有数据化和大数据思维。

二、实验内容

1. 实验背景

随着信息化的发展，数据已经渗透到社会的各个行业和业务领域，人们也越来越关注数据。尤其是随着互联网数据的爆发式增长，人们进入了以数据的深度挖掘和融合应用为主要特征的大数据时代，大数据价值不断凸显。

数据库是数据管理的有效技术，是计算机科学的重要分支。利用数据库技术，可以科学地组织和存储数据，高效地获取和处理数据。目前，广泛应用的数据库是关系型数据库，其被广泛应用于各个领域，如企业应用、政府机构、教育机构等。

本实验以常用的关系型数据库 MySQL 为例，介绍如何利用数据库技术管理和使用数据。

2. 具体内容

（1）创建数据库。

（2）创建数据表。

（3）插入数据。

（4）修改数据。

（5）删除数据。

（6）查询数据。

三、技术原理

现代社会是数据的社会，尤其是信息化的发展，使得数据越来越重要。数据可以为人们提供大量信息，并帮助人们进行决策，它是构成现代社会的基础，是人们获取知识和信息的有效工具。

美国管理学家、统计学家爱德华·戴明主张唯有数据才是科学的度量，他说："除了上帝，任何人都必须用数据说话。"

数据是描述事物的符号记录，它可以是数字，也可以是文本、图形、图像、音频、视频等。数据可分为三种类型：结构化数据、非结构化数据和半结构化数据。

结构化数据：指的是数据以固定格式存在，简单地说是指可以使用关系数据库表示和存储，可以用二维表来逻辑表达、实现的数据。结构化数据一般以行为单位，一行数据表示一个实体的信息，每一行数据的属性是相同的。

非结构化数据：顾名思义，就是没有固定结构的数据，包括各种格式的办公文档（如Word、PPT）、文本、图片、各类报表、图像和音频/视频信息等。对非结构化数据，一般以二进制的形式直接整体进行存储。

半结构化数据：是介于结构化数据和非结构化数据之间的数据，它并无明确的数据模型结构，但包含相关标记定义可用来分隔语义元素以及对记录和字段进行分层。数据的结构和内容混在一起，没有明显的区分，因此，它也被称为自描述的结构，如互联网上的网页等。

若要使用数据，首先就要管理数据，由此出现了数据库。数据库就是存储数据的仓库。现今，常见的数据库主要有两种，分别是关系型数据库和非关系型数据库（NoSQL）。关系型数据库主要有 Oracle、SQL Server、DB2、MySQL 等；非关系型数据库主要有 Redis、MongodDB、Neo4j 等。

一般来讲，企业、组织内部的数据基本都是结构化数据，适宜用关系型数据库进行管理。互联网上的数据，源自众多组织和人员，几乎没有统一的结构，且产生频率高、数据量大，通常是半结构化数据或非结构化数据，常采用 NoSQL 数据库进行管理。

现今，已经进入大数据时代，大规模的数据聚集改变了人们的思维习惯，可以说，大数据带给人们最有价值的东西就是大数据思维，例如人们不再去探究机票价格为什么会变动，而是关注什么时候买机票最合适。

大数据思维，使人们能够迅速把握事物的整体、相互关系和发展趋势，从而做出更加准确的预判、更加科学的决策、更加精准的行动。

四、实验步骤

下面以学生-课程数据库（命名为 db_xk）为例，阐述如何利用数据库技术管理和利用数据。

1. 创建数据库

建立名称为 db_xk 的数据库，并设置其字符集编码为 UTF8。

（1）用 Navicat 方式创建

Navicat 是一款可方便地连接并管理不同类型数据库的数据库管理工具，本实验使用 Navicat Premium 版本，其安装文件可从其官网下载。下载并安装后，单击桌面上的 Navicat 应用程序图标（见图 11.1），打开 Navicat 主界面，如图 11.2 所示。

图 11.1　Navicat
应用程序图标

在 Navicat 主界面中单击工具栏上"连接"按钮，选择 MySQL 选项，打开新建连接界面，如图 11.3 所示。

在新建连接界面中，输入相关信息。

- 连接名：Navicat 工作窗口中显示的名称，用户可自定义。
- 主机名或 IP 地址：MySQL 服务器 IP 地址，默认值为 localhost，表示本地主机。
- 端口：默认为 3306，一般不做更改。
- 用户名：数据库登录名，默认为 root 用户，是 MySQL 的超级用户。
- 密码：数据库登录密码，若无则空着即可。

配置完相关信息后，可以单击"连接测试"按钮来测试参数配置是否正确，然后，单击"确定"按钮。

这时，Navicat 会在主界面的左侧出现刚才配置的连接名，双击连接名，就可以打开与 MySQL 的连接，这个就是配置好的 MySQL 的连接对象，以后使用都可以在此处直接双击，也可以右击连接名，在弹出的快捷菜单中选择"打开连接"，如图 11.4 所示。

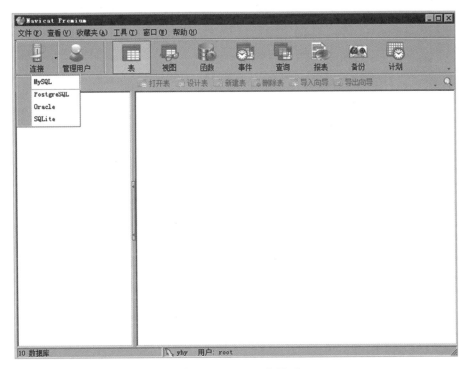

图 11.2　Navicat 主界面

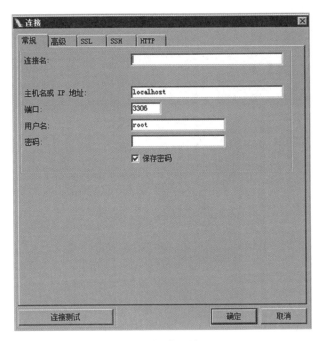

图 11.3　新建连接界面

图 11.4　打开连接示意图

　　打开与 MySQL 的连接后，在左侧窗格中，可以看到当前 MySQL 连接下所有的数据库。如果要创建新的数据库，可在左侧窗格中任意位置右击，在弹出的快捷菜单中选择"新建数据库"（见图 11.5），打开创建新数据库界面，如图 11.6 所示。

图 11.5　新建数据库示意图

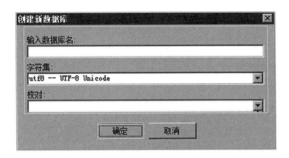

图 11.6 创建新数据库界面

在创建新数据库界面中，输入相关信息。

- 输入数据库名：定义数据库的名称，本实验中数据库名设为 db_ xk。
- 字符集：是指用来定义 MySQL 存储字符串的方式，一般设置为 utf8。
- 校对：是指对指定字符集下不同字符的比较规则，一般取默认值，不需设置。

配置完相关信息后，可以单击"确定"按钮完成数据库创建。

（2）用 SQL 语句创建

可通过执行如下的 SQL 语句创建数据库：

```
CREATE DATABASE db_xk CHARACTER SET = 'utf8';
```

2. 创建数据表

db_ xk 数据库下有三张表，分别是学生表（student）、课程表（course）、选课表（sc），它们的表结构如表 11.1、表 11.2 和表 11.3 所示。

表 11.1 学生表（student）结构

列名	说明	数据类型	约束
sno	学号	CHAR（7）	主码
sname	姓名	CHAR（10）	
sex	性别	CHAR（2）	
age	年龄	SMALLINT	
dept	所在系	VARCHAR（20）	

表 11.2 课程表（course）结构

列名	说明	数据类型	约束
cno	课程号	CHAR（10）	主码
cname	课程名	VARCHAR（20）	
xf	学分	SMALLINT	
xq	学期	SMALLINT	
xs	学时	SMALLINT	

表 11.3　选课表（sc）结构

列名	说明	数据类型	约束
sno	学号	CHAR（7）	主码
cno	课程号	CHAR（10）	主码
grade	成绩	SMALLINT	

下面以 student 表的创建为例进行说明。

（1）用 Navicat 方式创建

在 Navicat 主界面的左侧窗格中找到 db_ xk 数据库，双击数据库，就可以打开数据连接，在"表"上右击，在弹出的快捷菜单中选择"新建表"，打开新建表界面，如图 11.7 所示。

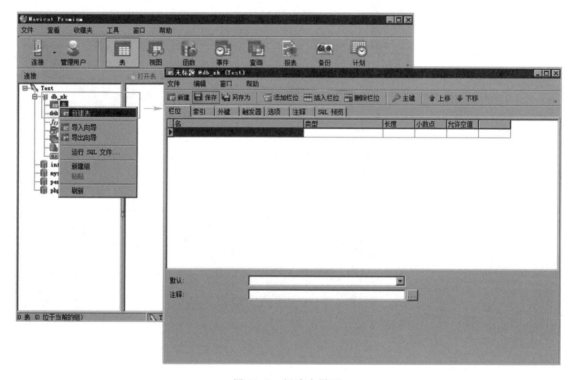

图 11.7　新建表界面

接着在新建表界面中按照表 11.1 所示，设置表的字段和数据类型等信息，如图 11.8 所示。在右侧矩形框区域单击，会出现钥匙图标，代表相应字段为主码约束或主码约束的一部分。最后，单击工具栏上的"保存"按钮，弹出"保存"对话框，如图 11.9 所示，在文本框中输入表名 student，单击"确定"按钮即可。

图 11.8 设置表的字段和数据类型等

图 11.9 保存表

（2）用 SQL 语句创建

可通过执行下面的 SQL 语句创建数据表：

```
CREATE TABLE student (
              sno CHAR(7) PRIMARY KEY,
              sname CHAR(10),
              sex CHAR(2),
              age SMALLINT,
              dept VARCHAR(20)
              );
```

course 表和 sc 表请读者自行选择相应方法创建。

注意：若在 sc 表上的 sno 和 cno 两个字段上有外码约束，则在 sc 表创建之前，必须先创建好 student 和 course 两张表，其原因这里不做过多说明，有兴趣的读者可以自行查阅相关资料并实践。

3. 插入数据

在数据库 db_ xk 中，student、course、sc 三张基本表中的数据如表 11.4、表 11.5 和表 11.6 所示，分别参照输入。

表 11.4　学生表（student）数据

sno	sname	sex	age	dept
9912101	李浩	男	19	机械系
9912103	王丽	女	20	机械系
9921101	张蓓	女	22	人文系
9921102	吴波	男	21	人文系
9921103	张涛	男	20	人文系
9931101	钱——	女	18	电子系
9931102	王阳	男	19	电子系
9913101	周深	女	20	计算机系
9914101	test	男	19	信息系

表 11.5　课程表（course）数据

cno	cname	xf	xq	xs
c01	软件导论	3	1	3
c02	Python	4	3	4
c03	计算机网络	4	4	4
c04	数据库原理	4	5	4
c05	高等数学	3	1	3

表 11.6　选课表（sc）数据

sno	cno	grade
9912101	c03	95
9912103	c03	51
9912101	c05	80
9912103	c05	NULL
9921101	c05	NULL
9921102	c05	80

续表

sno	cno	grade
9921103	c05	45
9931101	c05	81
9931101	c01	67
9931102	c05	94
9921103	c01	80
9912101	c01	NULL
9931102	c01	NULL
9912101	c02	87
9912101	c04	76

下面以 student 表为例，介绍向表中插入数据的方法。

（1）用 Navicat 方式插入数据

在 Navicat 主界面的左侧窗格中找到 db_xk 数据库，双击打开数据连接，在 student 表上右击，在弹出的快捷菜单中选择"打开表"，在弹出的窗口中，对照表 11.4 逐行逐栏输入相应数据，最后按 Ctrl+S 快捷键保存，如图 11.10 所示。

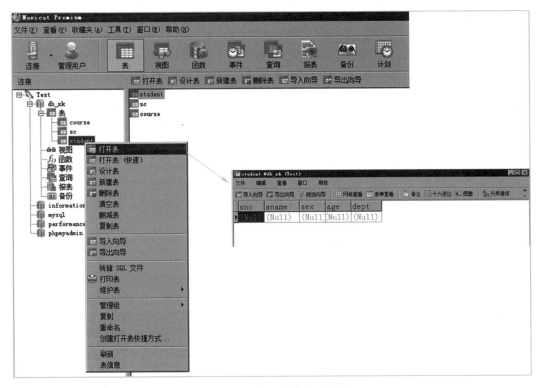

图 11.10   打开表并输入数据

（2）用 SQL 语句插入数据

可执行如下 SQL 语句向表中插入数据：

```
INSERT INTO student VALUES ('9912101','李浩','男','19','机械系');
INSERT INTO student VALUES ('9912103','王丽','女','20','机械系');
INSERT INTO student VALUES ('9921101','张蓓','女','22','人文系');
INSERT INTO student VALUES ('9921102','吴一','男','21','人文系');
INSERT INTO student VALUES ('9921103','张涛','男','20','人文系');
INSERT INTO student VALUES ('9931101','钱小红','女','18','电子系');
INSERT INTO student VALUES ('9931102','王阳','男','19','电子系');
INSERT INTO student VALUES ('9913101','周深','女','20','计算机系');
INSERT INTO student VALUES ('9914101','test','男','19','信息系');
```

在 course 表和 sc 表中插入数据的方法与上述类似，请读者自行选择相应方法插入数据。

4. 修改数据

下面以将学号为 9914101 的学生的姓名改为 admin 为例，介绍修改表中数据的方法。

（1）用 Navicat 方式修改数据

在 Navicat 主界面的左侧窗格中找到 db_xk 数据库，双击打开数据连接，在 student 表上直接双击，或者右击，在弹出的快捷菜单中选择"打开表"，在弹出的窗口中，找到相应数据，直接进行修改即可，如图 11.11 所示。

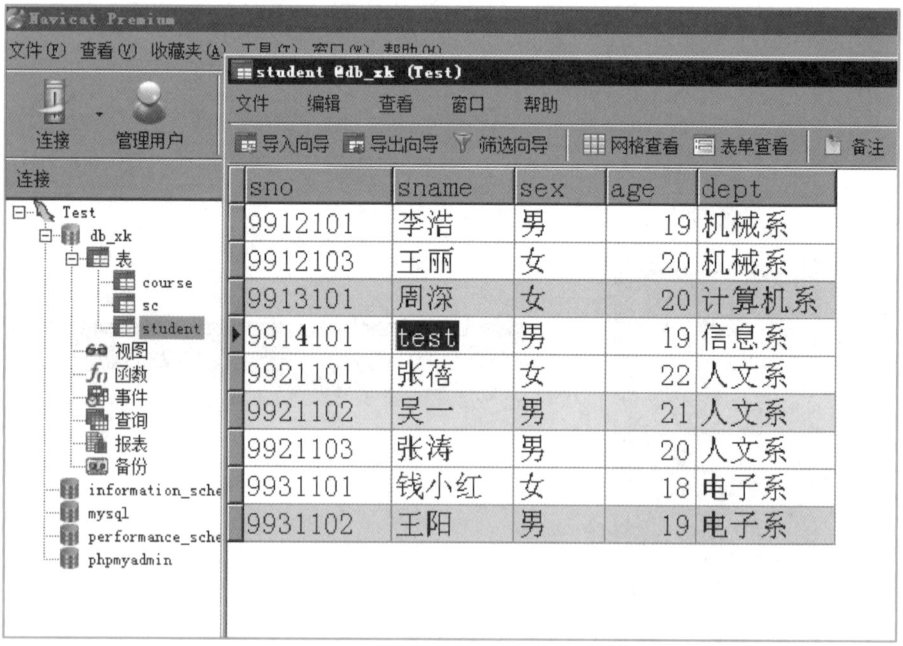

图 11.11 修改数据

（2）用 SQL 语句修改数据

可执行如下 SQL 语句修改表中数据：

```
UPDATE student SET sname='admin'WHERE sno='9914101';
```

5. 删除数据

下面以删除学号为 9913101 学生的信息为例，介绍删除表中数据的方法。

（1）用 Navicat 方式删除数据

在 Navicat 主界面的左侧窗格中找到 db_ xk 数据库，双击打开数据连接，在 student 表上直接双击，或者右击，在弹出的快捷带单中选择"打开表"，在弹出的窗口中，右击相应记录，在弹出的快捷带单中选择"删除记录"即可，如图 11.12 所示。

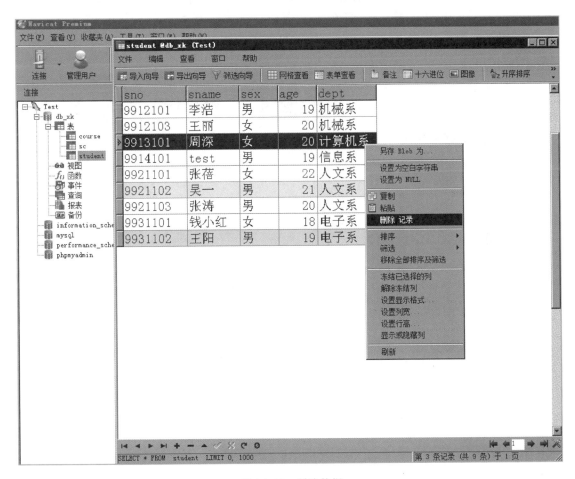

图 11.12　删除数据

（2）用 SQL 语句删除数据

可通过执行如下 SQL 语句删除表中数据：

```
DELETE FROM student WHERE sno='9913101';
```

其他数据的插入、修改、删除可参照上述操作，此处不再赘述。

6. 查询数据

建立数据库的目的不只是科学地组织和管理数据，还有高效地获取和维护数据。数据被利用的频率越高，数据的价值就越大。数据查询作为数据库的核心操作，就是对已有表中的数据按照某种条件进行筛选，将满足条件的数据筛选出来形成一个新的记录集并进行显示。

在 Navicat 主界面的左侧窗格中找到 db_ xk 数据库，双击打开数据连接，在"查询"上右击，在弹出的快捷菜单中选择"新建查询"，打开查询窗口，然后就可以在查询窗口中输入 SQL 语句进行查询了，如图 11.13 所示。

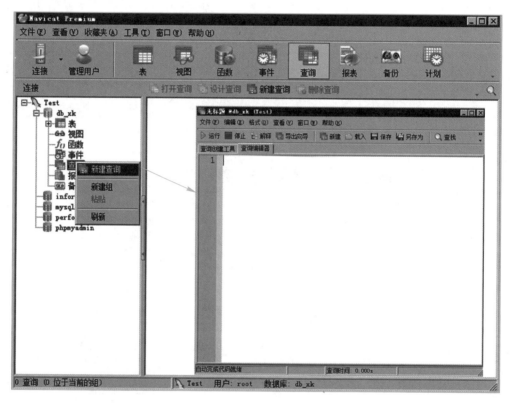

图 11.13　查询窗口

示例：查询"人文系"学生的基本信息。

在查询窗口中输入 SQL 语句：

```
SELECT * FROM student WHERE dept = '人文系';
```

然后选中该语句右击，在弹出的快捷菜单中选择"运行已选择的"，或者选中该语句后直接单击工具栏上的"运行"按钮，即可得到查询结果，如图 11.14 所示。

请读者动手尝试：

（1）查询所有男学生的基本信息，并按年龄升序排列。

（2）查询所有 4 学分的课程信息，并按课程号降序排列。

（3）查询所有学生的选课信息，要求输出学生名、课程名和成绩。

图 11.14 查询数据

五、实验结果

db_xk 数据库脚本一份，并命名为"学号+姓名全拼"的形式，如 093122105 wanglei，然后按要求提交。

六、注意事项

（1）数据库、表命名时不要用关键字，且使用小写字母。

（2）SQL 语句均以分号结束。

（3）在使用 Navicat 管理 MySQL 数据库之前，需要先下载和安装 MySQL 数据库。

*实验 12 机器视觉软件编程（一）

一、实验目的

（1）了解机器视觉系统构成及其工作原理。

（2）熟练掌握 DCCKVisionPlus 平台软件的基本操作和编程。

（3）熟练掌握 DCCKVisionPlus 平台软件基本功能模块的应用。

（4）熟练掌握 DCCKVisionPlus 平台软件 HMI 界面设计。

（5）了解机器视觉在工业生产中的应用。

二、实验内容

（1）理解机器视觉系统的构成及其工作原理。

（2）了解机器视觉典型应用。

（3）了解机器视觉软件。

（4）熟悉机器视觉软件界面。

（5）掌握机器视觉软件基本操作。

（6）实现图像采集。

三、技术原理

1. 机器视觉系统概述

机器视觉技术涉及目标对象的图像获取技术、图像信息的处理技术以及目标对象的测量、检测与识别技术。机器视觉系统主要由图像采集单元、图像信息处理与识别单元、结果显示单元以及视觉系统控制单元组成。图像采集单元获取被测目标对象的图像信息，并传送给图像信息处理单元。由于机器视觉系统强调精度和速度，所以需要图像采集部分及时、准确地提供清晰的图像，只有这样，图像处理部分才能在比较短的时间内得出正确的结果。图像采集部分一般由光源、镜头、数字摄像机和图像采集卡构成。采集过程可简单描述为在光源提供照明的条件下，数字摄像机拍摄目标物体并将其转化为图像信号，最后通过图像采集卡传输给图像处理部分。图像信息处理与识别单元对图像的灰度分布、亮度以及颜色等信息进行各种运算处理，从中提取出目标对象的相关特征，实现对目标对象的测量、识别和 NG 判定，并将其判定结论提供给视觉系统控制单元。视觉系统控制单元根据判定结果控制现场设备，对目标对象进行相应的控制操作。机器视觉应用场景如图 12.1 所示。

2. 机器视觉典型应用

机器视觉赋予了机器"一双眼睛"，使机器拥有了类似人一样的视觉功能，因此，各行各业逐渐用机器视觉进行大量信息处理。在国外，"工业 4.0"战略提出以后，传统制造业纷纷开始采用自动化设备代替人工，推崇以"智能制造"为主题的新型工业生产方式。而智能制造的第一个环节就是机器视觉。在国内，目前机器视觉产品仍处在起步阶段，但是发展迅猛，传统制造业依赖人工进行产品质量检测的方式已不再适用。随着人工智能和制造业的快速发展，机器视觉技术的应用也越来越广泛。特别是在工业领域，机器视觉技术优势更加明显，

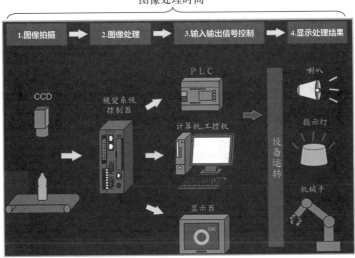

图 12.1　机器视觉应用示意图

在识别、引导、测量、检测这四方面典型应用的优势尤为突出，如图 12.2 所示。

（1）识别：识别不同的目标和对象，如字符、一维码和二维码、颜色等。

（2）引导：判断检测对象的坐标位置，引导机器人的抓取和组装等动作。

（3）测量：主要是实现产品外观尺寸的非接触、高精度、高效率的测量。

（4）检测：确认产品表面信息的正确性，如有无破损、划伤等缺陷。

图 12.2　机器视觉典型应用

3. 机器视觉软件介绍

随着视觉技术的不断发展，与之相关的软件种类也在不断增多，可根据项目需要和开发者偏好进行选择。本实验使用的是 DCCKVisionPlus 平台软件（简称"V+平台软件"），如图 12.3 所示。该平台软件是一款集开发、调试和运行于一体的可视化的机器视觉解决方案集成开发环境，可进行无代码编程。V+平台软件专注于机器视觉的应用，集成了数据采集、通信、视觉算法、结果分析、行业模块等视觉项目常用功能和模块。

V+平台软件在程序设计层面全方位地提供拖曳、连接、界面参数设置等可视化手段，无须编程即可构建一个完整的视觉应用程序，具有简单、快速、灵活、所见即所得的特点。在机器视觉的四大类应用即引导、检测、测量和识别中备受青睐，如图 12.4 所示。

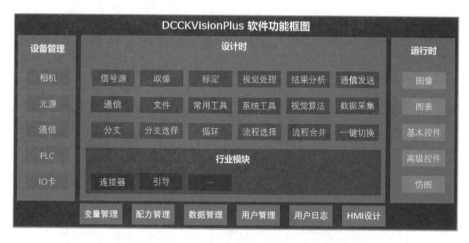

图 12.3　DCCKVisionPlus 平台软件功能

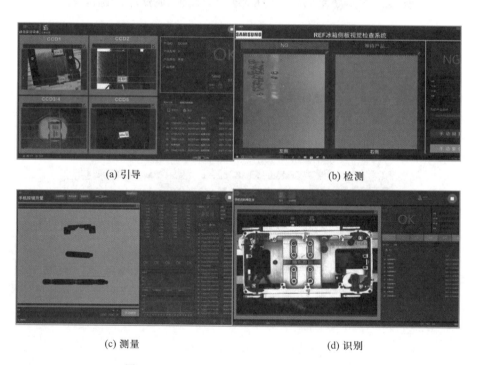

(a) 引导　　　　　　　　　　　　　(b) 检测

(c) 测量　　　　　　　　　　　　　(d) 识别

图 12.4　DCCKVisionPlus 平台软件应用案例

4. 机器视觉软件界面

V+平台软件的界面包含两种模式：设计模式和运行模式。

（1）设计模式：用于进行方案流程设计、工具配置的设计界面，如图 12.5 所示。

（2）运行模式：用于图像和数据结果显示并且便于进行交互控制的 HMI 显示界面，如图 12.6 所示。

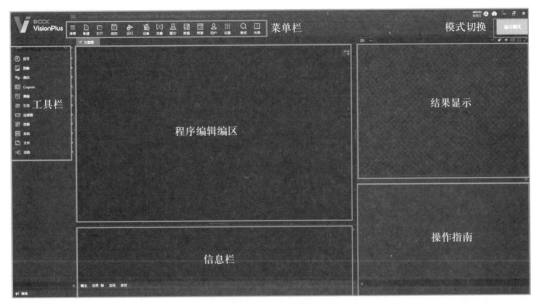

图 12.5　设计模式主界面

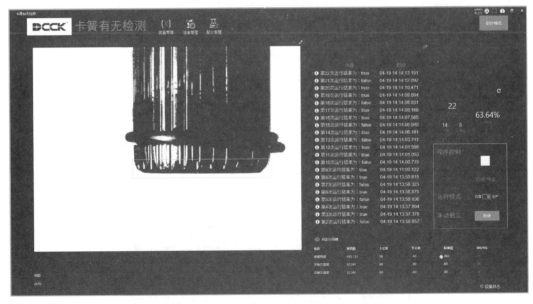

图 12.6　运行模式主界面

四、实验步骤

1．V+平台软件相机取像

（1）新建和保存项目

① 双击 DCCKVisionPlus 图标，在打开的界面选择"空白"，如图 12.7 所示，完成新建项目。

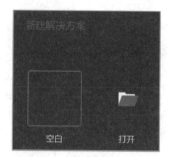

图 12.7　新建项目

② 完成新建项目，单击菜单栏的"保存"按钮，保存名为"项目四、V+工具—姓名+学号"，保存位置根据情况自行选择，如图 12.8 所示。

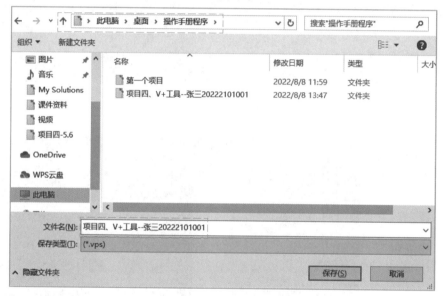

图 12.8　项目保存设置

（2）添加流程

① 打开"信号"选项，选择"内部触发"工具，如图 12.9 所示。

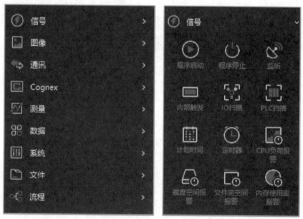

图 12.9　添加内部触发工具

② 将"内部触发"工具拖至程序编辑区，如图 12.10 所示。

图 12.10　内部触发工具设置

③ 打开"图像"选项，选择"取像"工具，如图 12.11 所示。

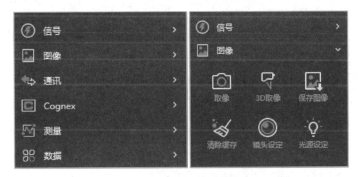

图 12.11　添加取像工具

④ 将"取像"工具拖至程序编辑区，并设置参数。此处选择"文件夹"取像，加载对应的图像，图像输出格式为 ICogImage，如图 12.12 所示。

图 12.12　取像工具设置

如果是利用相机实时取像，则需要在属性选项中选择"相机"取像，连接实际相机即可。

⑤ 连接工具，完成程序编写，如图 12.13 所示。

图 12.13 取像程序

⑥ 单击菜单栏中的"运行"按钮，运行程序，并右击信号源"触发"一次，则采集一张图像，在右侧图像显示区选择"002_ 取像"，显示所采集的图像，如图 12.14 所示。

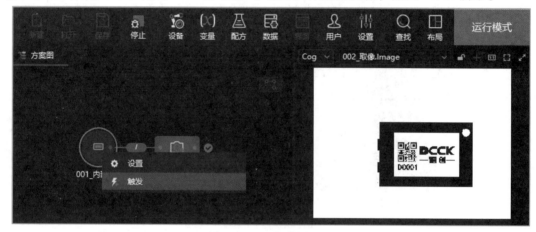

图 12.14 运行效果展示

2. ToolBlock 工具的应用

（1）加载项目

找到上一个子任务（1. V+平台软件相机取像）保存的文件夹，并打开保存的项目，如图 12.15 所示。

	名称	修改日期	类型	大小
操作手册程序 › 项目四、V+工具--张三20222101001				
	Configs	2022/8/8 13:33	文件夹	
	DataManager	2022/8/8 13:33	文件夹	
	DCCK VisionPlus	2022/8/8 14:32	文件夹	
	HistoryDB	2022/8/8 13:33	文件夹	
	Icons	2022/8/8 13:33	文件夹	
	Images	2022/8/8 13:33	文件夹	
	Log	2022/8/8 13:33	文件夹	
	Recipe	2022/8/8 13:33	文件夹	
	UserLog	2022/8/8 13:33	文件夹	
	项目四、V+工具--张三20222101001	2022/8/8 14:28	PNG 图片文件	9 KB
	项目四、V+工具--张三20222101001	2022/8/8 14:28	VPS 文件	14 KB

图 12.15 打开上一个子任务保存的项目

（2）添加 ToolBlock 工具

① 打开 Cognex 选项，添加 ToolBlock 工具，如图 12.16 所示。

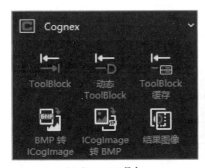

(a) Cognex工具包

(b) 添加 "ToolBlock" 工具

图 12.16　添加 ToolBlock 工具

② 设置 ToolBlock 工具，实现有无检测。

a. 双击进入 ToolBlock 工具，如图 12.17 所示。

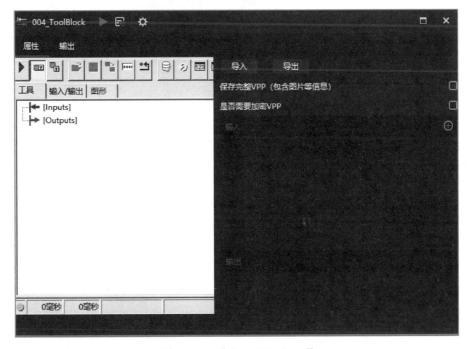

图 12.17　进入 ToolBlock 工具

b. 单击右侧 "⊕" 号，增加输入图像，如图 12.18 所示。

c. 添加直方图工具（CogHistogramTool）并链接输入图像，实现有无检测，如图 12.19 所示。

由于此处使用的图像为彩色图像，而直方图工具只支持灰度图像，故需要引入格式转换工具（CogImageConvertTool），格式转换不需设置，直接连线即可。此处使用直方图工具的均方差值判断有无,默认全图检测,不需要设置直方图。

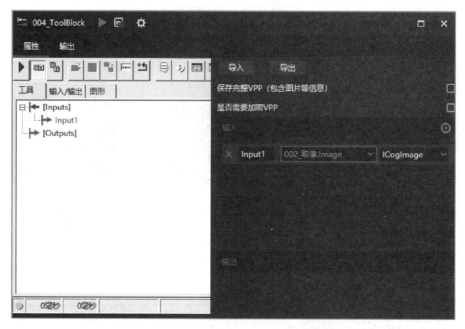

图 12.18 ToolBlock 工具添加输入图像

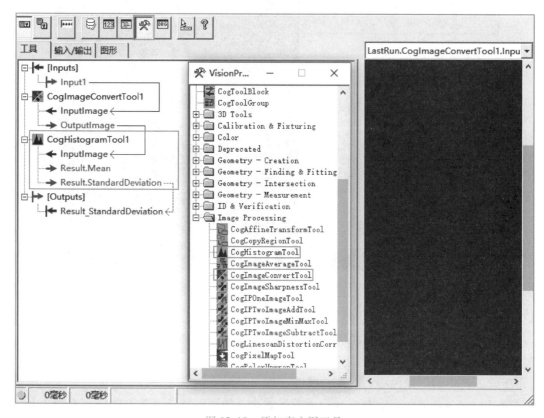

图 12.19 添加直方图工具

d. 退出 ToolBlock 工具，并右击运行 ToolBlock 工具，如图 12.20 所示，传送一张图像进入 ToolBlock 工具。

图 12.20　运行功能块

e. 运行程序后，再次双击 ToolBlcok 工具，观看直方图工具运行结果，如图 12.21 所示。

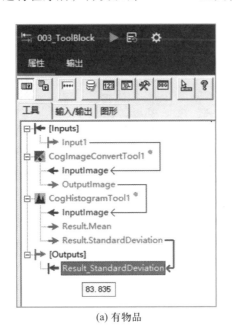

(a) 有物品

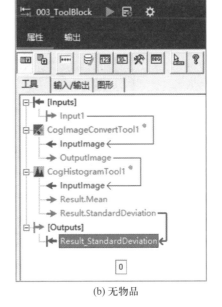

(b) 无物品

图 12.21　直方图工具运行结果

从图 12.21 中可以看出：当图像有物品时，标准差比较大（图 12.21(a)）；当图像没有物品时，标准差为 0（图 12.21(b)）。

为了便于显示结果，可增加结果分析工具（CogResultsAnalysisTool），如图 12.22 所示，有电池块为 True，无电池块为 False。

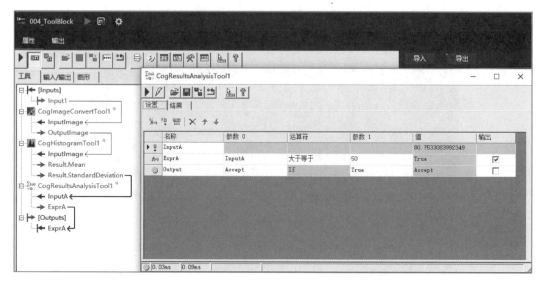

图 12.22　结果分析

3. TCP 通信/监听工具应用

（1）加载项目

找到上一个子任务（2. ToolBlock 工具的应用）保存的文件夹，并打开保存的项目，如图 12.23 所示。

图 12.23　上一个子任务的程序

（2）增加 TCP/IP 通信硬件设备

① 打开菜单栏"设备"选项，找到"通信"选项，双击添加"以太网"工具，作为服务器，如图 12.24 所示。

② 选择菜单栏的"菜单"，在"工具"选项中打开"8. NetAssist"，打开网络助手工具作为客户端，如图 12.25 所示。

（3）设置通信参数

① V+平台软件作为服务器，并设置参数，如图 12.26 所示。

② 将网络助手工具作为客户端，并设置参数，如图 12.27 所示。

（4）测试通信

客户端发送数据，在服务器端接收；服务器端发送数据，在客户端接收，如图 12.28 所示。

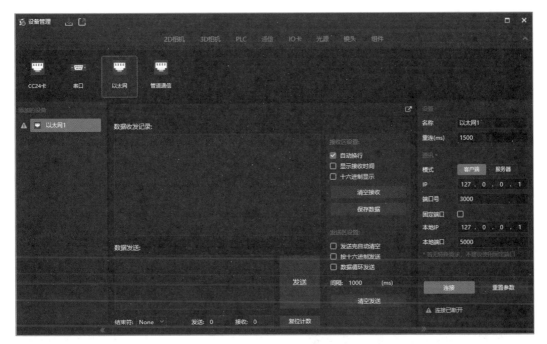

图 12.24　添加以太网设备

图 12.25　打开网络助手工具

（5）添加通信程序

通信测试成功之后，可以在程序中添加对应的通信程序。此处演示 V+平台软件收到客户端的指令后，将结果再发送出去的示例。

① 打开"信号"选型，增加"监听"工具，用监听替换内部触发，并设置参数，如图 12.29 所示。

图 12.26　设置服务器参数

图 12.27　设置客户端参数

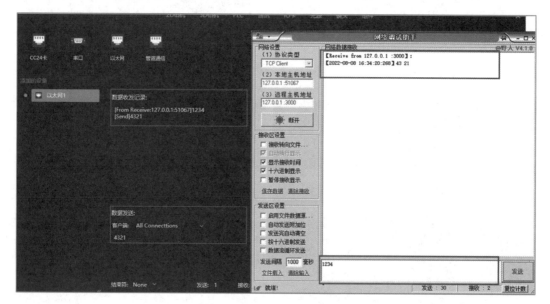

图 12.28　测试收发数据

② 增加流程，添加"读数据"工具，并设置参数，如图 12.30 所示。

③ 增加流程，添加"写数据"工具，并设置参数，如图 12.31 所示。

（6）测试结果

① 让系统运行，在网络助手侧发送数据 T_12345，如图 12.32 所示。

② 程序正确运行时，显示"√"（绿色），如图 12.33 所示。

③ 在网络助手收到 OK，如图 12.34 所示。

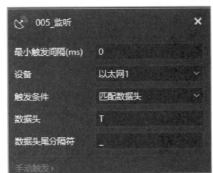

图 12.29　添加监听工具

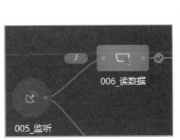

图 12.30　添加读数据工具

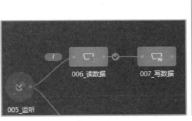

图 12.31　添加写数据工具

图 12.32　在网络助手侧发送数据

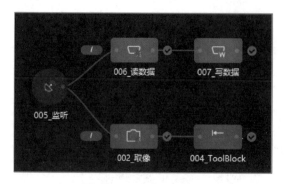

图 12.33　程序运行情况

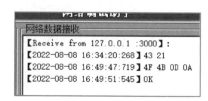

图 12.34　在网络助手接收数据

*实验 13　机器视觉软件编程（二）

一、实验目的

（1）熟练掌握 DCCKVisionPlus 平台软件 HMI 界面设计

（2）了解机器视觉在工业生产中的应用。

二、实验内容

掌握 HMI 界面设计操作。

三、技术原理

参考实验 10 技术原理部分，此处不再赘述。

四、实验步骤

1. HMI 画面制作

（1）加载项目

找到实验 13 项目保存的文件夹，并打开保存的程序，如图 13.1 所示。

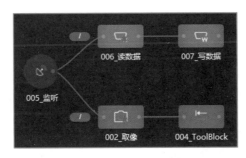

图 13.1　打开实验 13 保存的程序

（2）建立 HMI 画面

选择菜单栏的"界面"选项，新建空白 HMI 画面，此处分辨率为 1 280×768，如图 13.2 所示。

（3）设计标题栏

① 打开"基础控件"，选择"单行文本"，拖至 HMI 合适位置，如图 13.3 所示。

② 调整文本内容为"项目四、DCCKVisionPlus 常用工具与应用"，如图 13.4 所示。文本格式设置如下。

　a. 填充背景色：蓝色；

　b. 调整字号字体：40 号字，微软雅黑，加粗；

　c. 拖至合适大小。

图 13.2　新建 HMI 画面

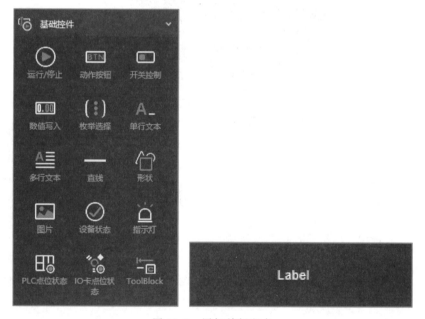

图 13.3　添加单行文本

项目四、DCCK VisionPlus 常用工具与应用

图 13.4　制作标题

③ 打开"基础控件"，选择"图片"，拖至 HMI 标题栏前，调整合适大小，如图 13.5 所示。

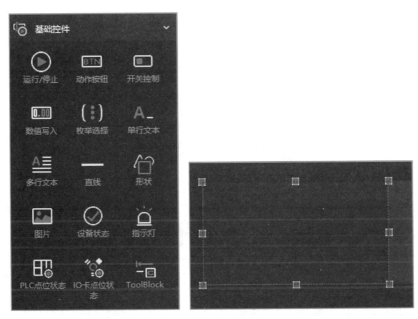

图 13.5　添加图片工具

④ 添加图片内容，如图 13.6 所示。

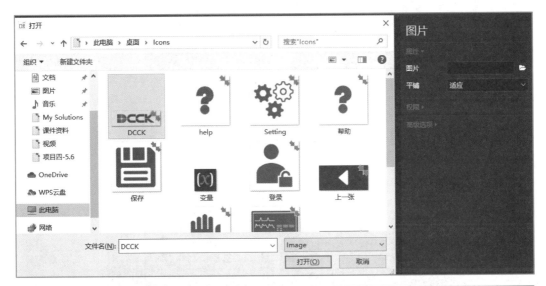

图 13.6　添加图片及效果

（4）添加图像

打开"运行结果"选项，选择"图像 Cognex"（如图 13.7 所示），用来显示采集到的图像，如图 13.8 所示。

图 13.7　添加图像（Cognex）工具

图 13.8　添加图像工具之后的效果

（5）添加 OK/NG 统计工具

打开"运行结果"选项，选择"ON/NG 统计"，并设置相关参数（如图 13.9 所示），用来显示结果，如图 13.10 所示。

图 13.9　添加 OK/NG 统计工具

图 13.10　添加 OK/NG 统计工具之后的效果

（6）添加注释标签

打开"基础控件"，选择"单行文本"，调整内容和字体等，用来辅助显示内容，如采集图像、结果图像、结果显示等，如图 13.11 所示。

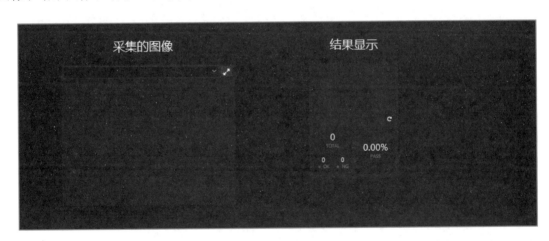

图 13.11　添加注释标签

（7）添加"运行/停止"按钮

打开"基础控件"，选择"运行/停止"（如图 13.12 所示），用来控制程序运行和停止，如图 13.13 所示。

（8）添加设备状态

打开"基础控件"，选择"设备状态"，用来显示设备状态，如图 13.14 所示。

设备状态自动连接了所有已添加的设备，添加后，只需要在右侧勾选需要显示的设备即可。

图 13.12 添加启动/停止工具

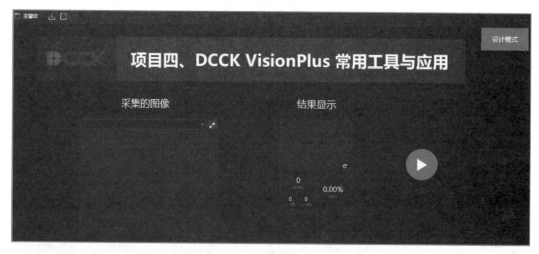

图 13.13 添"运行/停止"按钮效果

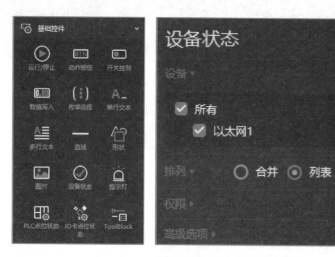

图 13.14 添加设备状态工具

（9）添加动作按钮

打开"基础控件"，选择"动作按钮"，进行相应设置如图 13.15 所示，用来触发切换图像，如图 13.16 所示。

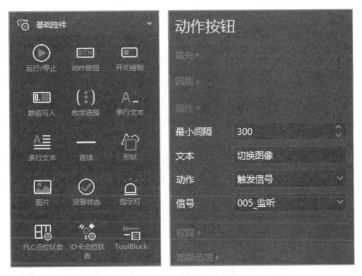

图 13.15　添加动作按钮

图 13.16　HMI 画面效果

（10）运行测试

关闭 HMI 画面设计器，切换到运行模式，运行系统，单击"切换图像"按钮，观察图像和 OK/NG 结果，如图 13.17 所示。

(a) OK

(b) NG

图 13.17 运行效果

2. 保存图像

（1）加载项目

找到上一个子任务（1. HMI 画面制作）保存的文件夹，并打开保存的程序，如图 13.18 所示。

（2）显示结果

① 删除原程序中的结果分析工具（CogResultsAnalysisTool），输出平均值，如图 13.19 所示。

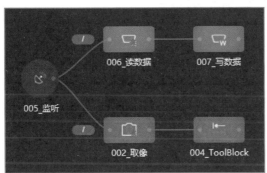

图 13.18　上一个子任务保存的程序　　　　图 13.19　输出平均差

② 修改程序，打开"数据"选项，选择"逻辑运算"工具，如图 13.20 所示，将结果大于或等于 50 设置为条件阈值。

③ 修改 HMI 画面中 OK/NG 连接的变量，如图 13.21 所示。

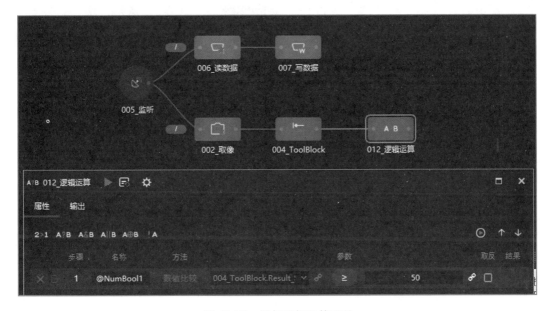

图 13.20　添加逻辑运算工具

图 13.21　修改 OK/NG 连接的变量

（3）添加当前时间

打开"系统"选项，选择"当前时间"，拖至程序编辑区，连接"监听"工具，如图13.22 所示。

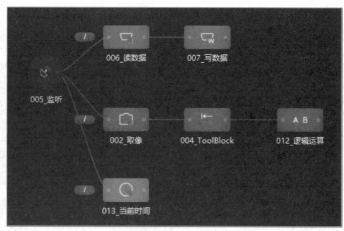

图 13.22　添加当前时间工具

（4）修改当前时间的数据类型

打开"数据"选项，选择"格式转换"，将当前时间的值的格式由 DataTime 改为 String 类型，如图 13.23 所示。

图 13.23　添加格式转换工具

（5）通过字符串工具生成自己想要的字符串

打开"数据"选项，选择"字符串操作"，生成自己想要的字符串，如图 13.24 所示。

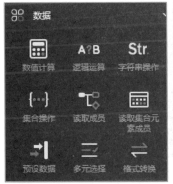
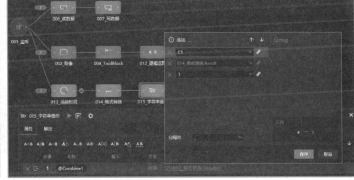

图 13.24　添加字符串工具并设置参数

（6）设置结果显示

打开"数据"选项，选择"多元选择"，用来选择不同的结果，如图 13.25 所示。

当逻辑运算的结果为 True 时返回 OK；当为 False 时，返回 NO；异常等默认情况返回 NO。

图 13.25　添加多元选择工具并设置参数

（7）发送最终处理结果

调整写数据工具至多元选择之后，将多元选择结果发送出去。

① 右击需要解绑的线，在弹出的快捷菜单中选择"彻底解绑"，如图 13.26 所示。

图 13.26　解绑写数据工具

② 拖动写数据工具至多元选择之后并连接，设置发送内容，如图 13.27 所示。

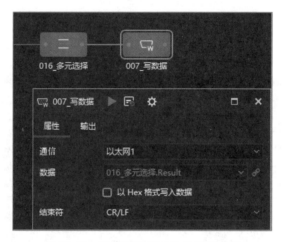

图 13.27　连接写数据工具并设置参数

（8）使用 ICogImage 保存图像工具保存图像

通过 ICogImage 保存图像工具保存图像，此处保存经过 ToolBlock 工具处理后的灰度图像。

① 打开 ToolBlock 工具，将转换后的图像连接至 Outputs，作为 ToolBlock 的输出图像，如图 13.28 所示。

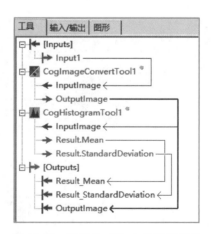

图 13.28　添加 ToolBlock 的输出图像

②打开 Cognex 选项，选择"ICogImage 保存图像"，连接在 ToolBlock 之后，设置保存参数，如图 13.29 所示。运行之后，便可以在 AllImages 文件夹下看到保存的图像。

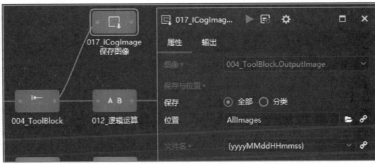

图 13.29　通过 ICogImage 保存图像工具保存图像

（9）使用保存图像工具保存图像

通过保存图像工具保存图像，需要提前将图像格式转换为 BMP 格式。

①打开 Cognex 选项，选择"ICogImage 转 BMP"，将 ToolBlock 输出图片转换为 BMP 格式，如图 13.30 所示。

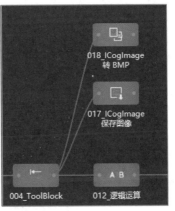

图 13.30　添加工具转换图像格式

②打开"图像"选项，选择"保存图像"，连接在转换工具之后，设置参数，如图 13.31 所示。运行之后，便可以在 Images 文件夹下看到保存的图像。

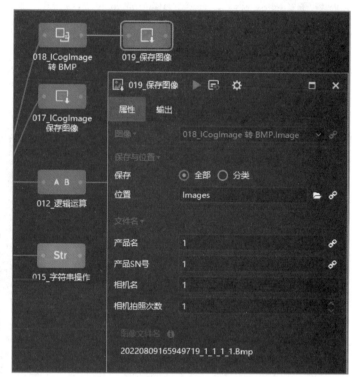

图 13.31　通过保存图像工具保存图像

（10）在 HMI 画面显示处理图像

打开 HMI 画面设计器，添加"Cognex 图像"，选择显示 ToolBlock 工具的输出图像，如图 13.32 所示。

图 13.32　显示 ToolBlock 工具的输出图像

（11）运行结果

让系统运行，在 HMI 画面单击"切换图像"按钮，观察显示的图像以及结果显示，如图 13.33 所示。

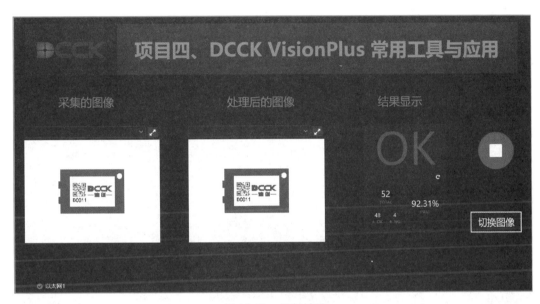

图 13.33　运行结果

3. 日志工具

（1）加载项目

找到上一个子任务（2. 保存图像）保存的文件夹，并打开保存的程序，如图 13.34 所示。

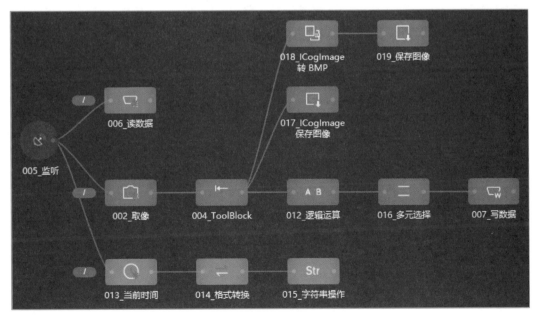

图 13.34　上一个子任务保存的程序

（2）增加日志工具

增加 3 个日志工具，分别用于显示"程序触发""程序执行"和"程序结束"。

① 在菜单栏选择"设备"选项，选择"组件"选项，双击添加用户日志，如图 13.35 所示。此处的参数全用的默认参数。

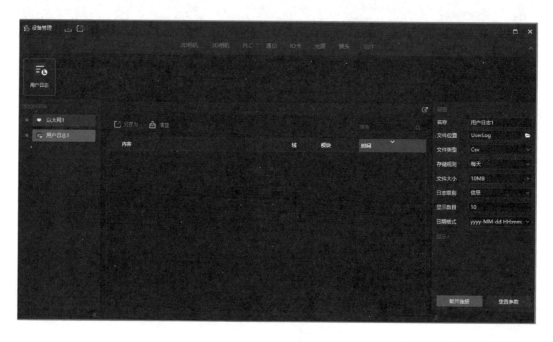

图 13.35 添加用户日志

② 回到程序界面，打开左侧"系统"选项，选择"写日志"，拖到程序区三个合适的位置，连接并设置参数，如图 13.36 所示。

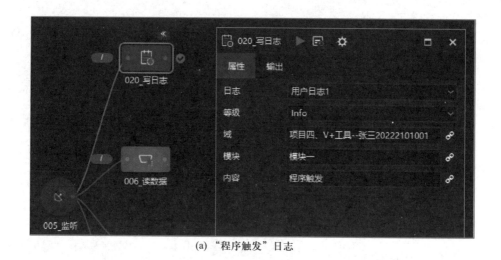

(a) "程序触发"日志

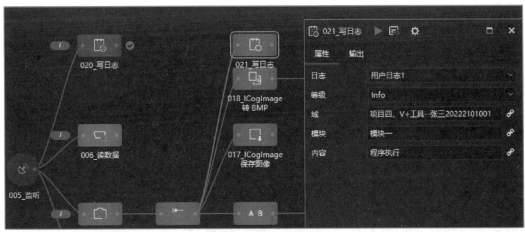

(b)"程序执行"日志

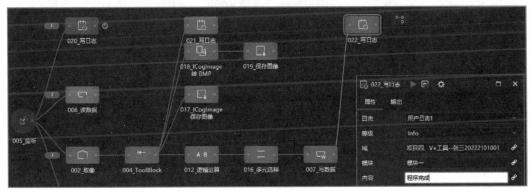

(c)"程序结束"日志

图 13.36　写日志工具参数设置

（3）在 HMI 画面显示日志

在 HMI 画面设计器中，打开左侧"运行结果"选项卡，选择"运行日志"，拖到画面合适位置，调整大小，连接日志设备"用户日志 1"，如图 13.37 所示。

(a)选择运行日志工具

(b)设置运行日志工具

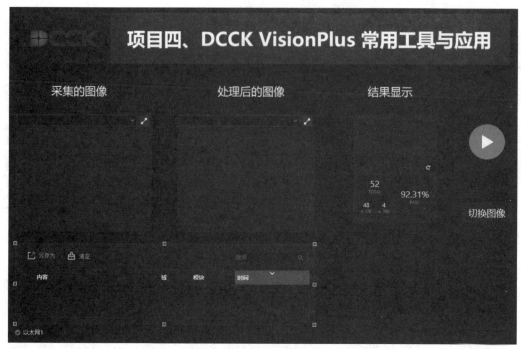

(c) 日志显示位置

图 13.37　添加日志运行工具

（4）运行测试

回到程序界面，让程序运行，切换到运行模式，进入 HMI 画面，单击"切换图像"按钮。可以看到"日志运行"窗口会出现对应的三项内容，如图 13.38 所示。

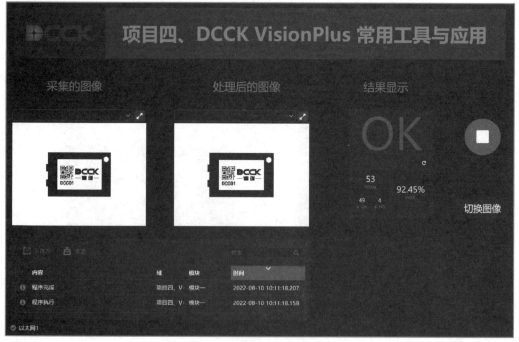

图 13.38　日志运行结果展示

五、实验拓展

利用 DCCKVisionPlus 平台软件的文件与文件夹删除、系统状态报警等辅助功能，完善视觉方案程序流程，优化 HMI 界面设计。

六、实验结果

以"学号姓名"作为主文件名，将 DCCKVisionPlus 平台软件中的实验结果保存为 .vps 文件，并按要求提交。

七、注意事项

安装 DCCKVisionPlus 平台软件时，建议关闭计算机中的防火墙，关闭杀毒软件，以防止安装过程中误删除插件，导致安装不完整。

参考文献

[1] 战德臣,张丽杰.大学计算机——计算思维与信息素养 [M]. 3 版.北京:高等教育出版社,2019.

[2] 周庆麟,周奎奎.精进 Word 成为 Word 高手 [M].北京:北京大学出版社,2019.

[3] Excel Home. Excel2016 应用大全 [M].北京:北京大学出版社,2018.

[4] 王珊,萨师煊.数据库系统概论 [M]. 5 版.北京:高等教育出版社,2014.

[5] 谢希仁.计算机网络 [M]. 8 版.北京:电子工业出版社,2021.

[6] 吴军.计算之魂 [M].北京:人民邮电出版社,2022.

郑重声明

高等教育出版社依法对本书享有专有出版权。任何未经许可的复制、销售行为均违反《中华人民共和国著作权法》，其行为人将承担相应的民事责任和行政责任；构成犯罪的，将被依法追究刑事责任。为了维护市场秩序，保护读者的合法权益，避免读者误用盗版书造成不良后果，我社将配合行政执法部门和司法机关对违法犯罪的单位和个人进行严厉打击。社会各界人士如发现上述侵权行为，希望及时举报，我社将奖励举报有功人员。

反盗版举报电话　（010）58581999　58582371

反盗版举报邮箱　dd@hep.com.cn

通信地址　北京市西城区德外大街 4 号
　　　　　高等教育出版社法律事务部

邮政编码　100120

读者意见反馈

为收集对教材的意见建议，进一步完善教材编写并做好服务工作，读者可将对本教材的意见建议通过如下渠道反馈至我社。

咨询电话　400-810-0598

反馈邮箱　gjdzfwb@pub.hep.cn

通信地址　北京市朝阳区惠新东街 4 号富盛大厦 1 座
　　　　　高等教育出版社总编辑办公室

邮政编码　100029

防伪查询说明

用户购书后刮开封底防伪涂层，使用手机微信等软件扫描二维码，会跳转至防伪查询网页，获得所购图书详细信息。

防伪客服电话　（010）58582300